应用随机过程基础

■ 孙玲珂 编著

WUHAN UNIVERSITY PRESS
武汉大学出版社

图书在版编目(CIP)数据

应用随机过程基础/孙玲琍编著.—武汉:武汉大学出版社,2023.11
ISBN 978-7-307-23969-2

Ⅰ.应…　Ⅱ.孙…　Ⅲ.随机过程—高等学校—教材　Ⅳ.O211.6

中国国家版本馆 CIP 数据核字(2023)第 170467 号

责任编辑:任仕元　　　责任校对:李孟潇　　　版式设计:韩闻锦

出版发行:**武汉大学出版社**　(430072　武昌　珞珈山)

(电子邮箱:cbs22@whu.edu.cn　网址:www.wdp.com.cn)

印刷:武汉图物印刷有限公司

开本:720×1000　1/16　印张:7.25　字数:122 千字　插页:1

版次:2023 年 11 月第 1 版　　　2023 年 11 月第 1 次印刷

ISBN 978-7-307-23969-2　　　定价:36.00 元

前　　言

随机过程是一族随机事件动态关系的定量描述。作为概率论的延伸和发展，它已广泛应用于电子信息工程、通信工程、金融工程、保险精算、人口理论等诸多领域。

目前，国内外关于随机过程的教材已有很多，但很多专业教材需要读者具备高等概率论和测度论的基础知识，而且为了理论的严谨性，教材内容写得过于抽象，普通读者难以通过教材进行自学。本书在借鉴国内外相关优秀教材的基础上，着重突出两个特色。第一是强调直观理解。本书在讲解各类随机过程的抽象定义时，尽量通过读者容易理解的具体实例引入，从而帮助读者更深刻地理解这些抽象的随机过程。第二是强调知识应用。本书精选的例题和习题都以应用题为主，读者在学习和练习的过程中能充分体会到所学的随机过程知识是如何在实际中应用的。

本书包括六章，分别介绍了六个最常见的随机过程：Poisson 过程、更新过程、离散时间 Markov 链、连续时间 Markov 链、布朗运动和鞅。本书以应用统计专业学位研究生的数学基础为参照，不使用测度论知识，注重教材的可读性，力求通过清晰的逻辑、准确的语言和生动的表达将严谨的理论呈现在读者面前。本书可以作为高等院校统计、经济、金融、管理等专业高年级本科生以及应用统计专业学位研究生的教材或教学参考书，对于广大从事与随机过程相关工作的科技工作者来说也具有一定的参考价值。

本书的编写和出版得到了华中农业大学研究生院、理学院和信息学院专项经费的支持。在多年的教学中，我们得到了历届学生的积极反馈，这是本书从讲义演变为教材的关键，在此表示衷心的感谢！

由于时间仓促和知识水平有限，书中可能还存在不妥甚至错漏之处。编者的邮箱是 ll_ sun@163.com，期待您的批评指正。

编　者

2023 年 7 月

1

目　　录

第 1 章 Poisson 过程

1.1 预 备 知 识

我们先回顾概率论中学习过的指数分布的相关知识.

若随机变量 $T \sim E(\lambda)$, 则它的密度函数和分布函数分别为:

$$f_T(t) = \begin{cases} \lambda e^{-\lambda t}, & t \geq 0, \\ 0, & t < 0, \end{cases} \qquad F_T(t) = \begin{cases} 1 - e^{-\lambda t}, & t \geq 0, \\ 0, & t < 0. \end{cases}$$

它的期望和方差分别为: $ET = \dfrac{1}{\lambda}$, $DT = \dfrac{1}{\lambda^2}$.

指数分布还具有无记忆性: $P(T > s + t \mid T > t) = P(T > s)$. 用文字叙述就是: "如果已经等待了 t 单位的时间, 那我们继续等待 s 单位的时间的概率与我们之前根本没等待过一样. "

定理 1.1 令 $S \sim E(\lambda)$, $T \sim E(\mu)$, 且两者相互独立, 则 $\min(S, T) \sim E(\lambda + \mu)$.

证明 考查 $\min(S, T)$ 的分布函数 $F(t) = P\{\min(S, T) \leq t\}$,

当 $t < 0$ 时, $F(t) = P\{\min(S, T) \leq t < 0\} = 0$;

当 $t \geq 0$ 时, $F(t) = P\{\min(S, T) \leq t\} = 1 - P\{\min(S, T) > t\}$

$$= 1 - P\{S > t, T > t\} = 1 - P\{S > t\} P\{T > t\}$$

$$= 1 - [1 - P\{S \leq t\}][1 - P\{T \leq t\}]$$

$$= 1 - [1 - (1 - e^{-\lambda t})][1 - (1 - e^{-\mu t})]$$

$$= 1 - e^{-(\lambda + \mu)t}.$$

故

$$F(t) = \begin{cases} 1 - \mathrm{e}^{-(\lambda+\mu)t}, & t \geq 0, \\ 0, & t < 0. \end{cases}$$

即知 $\min(S, T) \sim E(\lambda + \mu)$. ■

推论：若有独立随机变量序列 $T_1, T_2, \cdots, T_n, T_i \sim E(\lambda_i), i = 1, 2, \cdots, n$, 则

$$\min(T_1, T_2, \cdots, T_n) \sim E(\lambda_1 + \lambda_2 + \cdots + \lambda_n).$$

定理 1.2　令 $S \sim E(\lambda), T \sim E(\mu)$, 且两者相互独立, 则

$$P(\min(S, T) = S) = \frac{\lambda}{\lambda + \mu}.$$

证明　(S, T) 的密度函数为 $f(s, t) = \begin{cases} \lambda\mu\mathrm{e}^{-(\lambda s+\mu t)}, & s \geq 0, t \geq 0, \\ 0, & \text{others.} \end{cases}$

$$P(\min(S, T) = S) = P(S \leq T) = \iint\limits_{s \leq t} \lambda\mu\mathrm{e}^{-(\lambda s+\mu t)}\, \mathrm{d}\sigma$$

$$= \lambda\mu \int_0^{+\infty} \mathrm{d}t \int_0^t \mathrm{e}^{-(\lambda s+\mu t)}\, \mathrm{d}s = \frac{\lambda}{\lambda + \mu}. ■$$

推论：若有独立随机变量序列 $T_1, T_2, \cdots, T_n, T_i \sim E(\lambda_i), i = 1, 2, \cdots, n$, 则

$$P(\min(T_1, T_2, \cdots, T_n) = T_i) = \frac{\lambda_i}{\lambda_1 + \lambda_2 + \cdots + \lambda_n}.$$

以上结论表明：第 i 个变量第一个完成比赛的概率与其速率成正比.

定理 1.3　令 $\tau_1, \tau_2, \cdots, \tau_n$ 是独立的随机变量, $\tau_i \sim E(\lambda), i = 1, 2, \cdots, n$, 则

$$T_n = \tau_1 + \tau_2 + \cdots + \tau_n \sim \Gamma(n, \lambda),$$

$$f_{T_n}(t) = \begin{cases} \lambda\mathrm{e}^{-\lambda t} \dfrac{(\lambda t)^{n-1}}{(n-1)!}, & t \geq 0, \\ 0, & t < 0. \end{cases}$$

证明　对 n 用数学归纳法证明.

(1) 当 $n = 1$ 时, 结论显然成立;

(2) 假设 $n = k$ 时, 定理成立.

当 $n = k + 1$ 时, $T_{k+1} = \tau_1 + \tau_2 + \cdots + \tau_k + \tau_{k+1} = T_k + \tau_{k+1}$.

由于 T_k 和 τ_{k+1} 独立,利用卷积公式可得

$$f_{T_{k+1}}(t) = \int_0^t f_{T_k}(s) f_{\tau_{k+1}}(t-s)\,\mathrm{d}s = \int_0^t \lambda \mathrm{e}^{-\lambda s}\,\frac{(\lambda s)^{k-1}}{(k-1)!}\,\lambda \mathrm{e}^{-\lambda(t-s)}\,\mathrm{d}s$$

$$= \lambda \mathrm{e}^{-\lambda t}\,\frac{\lambda^k}{(k-1)!}\int_0^t s^{k-1}\mathrm{d}s = \lambda \mathrm{e}^{-\lambda t}\,\frac{\lambda^k}{(k-1)!}\,\frac{s^k}{k}\Big|_0^t = \lambda \mathrm{e}^{-\lambda t}\,\frac{(\lambda t)^k}{k!}.$$

综合(1)(2)知,定理成立. ■

我们再回顾一下泊松分布的相关知识.

若随机变量 $X \sim P(\lambda)$,则它的分布律为 $P(X=k) = \dfrac{\lambda^k}{k!}\mathrm{e}^{-\lambda}$,$k = 0$,$1$,$2$,$\cdots$,$n$.

它的期望和方差分别为:$ET = \lambda$,$DT = \lambda$.

另外,泊松分布具有可加性,即若 $X \sim P(\lambda_1)$,$Y \sim P(\lambda_2)$,且 X 和 Y 相互独立,则 $X + Y \sim P(\lambda_1 + \lambda_2)$.

1.2 Poisson 过程的定义

定义 1.1 令 τ_1,τ_2,$\cdots$ 是独立的随机变量,$\tau_i \sim E(\lambda)$,$i = 1$,2,$\cdots$,记 $T_0 = 0$,

当 $n \geqslant 1$ 时,$T_n = \tau_1 + \tau_2 + \cdots + \tau_n$.

定义 $N(s) = \max\{n: T_n \leqslant s\}$. 我们称 $N(s)$ 为 **Poisson 过程.**

我们可以设想这样一个场景:将一家银行开门的时刻记为 0 时刻,T_n 是该银行第 n 个顾客到达的时刻,τ_n 是第 $n-1$ 个顾客和第 n 个顾客到达时刻的时间间隔,$N(s)$ 表示在时刻 s 之前到达的顾客数.

注意:根据定理 1.3,$T_n = \tau_1 + \tau_2 + \cdots + \tau_n \sim \Gamma(n, \lambda)$.

Poisson 过程是一类重要的计数过程,计数过程有着广泛的应用. 如商店一段时间内购物的顾客数、某段时间内电话转换台呼叫的次数、加油站一段时间内等候加油的人数,等等.

如果在不相交的时间区间中发生的事件数是独立的,则称该计数过程有独立增量. 即当 $t_1 < t_2 < t_3$ 时,有 $N(t_2) - N(t_1)$ 与 $N(t_3) - N(t_2)$ 是独立的.

若任一时间区间中事件数的分布只依赖于时间区间的长度,则该计数过程有

平稳增量. 即对一切 $t_1 < t_2$ 及 $s > 0$, 在 $(t_1 + s, \ t_2 + s]$ 中事件数 $N(t_2 + s) - N(t_1 + s)$ 与区间 $(t_1, \ t_2]$ 中事件数 $N(t_2) - N(t_1)$ 有相同的分布.

Poisson 过程是具有独立增量和平稳增量的计数过程.

引理 1.1　$N(s) \sim P(\lambda s)$.

证明　$N(s) = n \Leftrightarrow T_n \leqslant s < T_{n+1}$.

令 $T_n = t$, 则 $T_{n+1} > s \Leftrightarrow \tau_{n+1} = T_{n+1} - T_n > s - t$.

$$
\begin{aligned}
P\{N(s) = n\} &= P\{T_n \leqslant s, \ T_{n+1} > s\} = P\{T_n = t \leqslant s, \ \tau_{n+1} > s - t\} \\
&= P\{T_n = t \leqslant s\} P\{\tau_{n+1} > s - t\} \\
&= \int_0^s f_{T_n}(t) e^{-\lambda(s-t)} \mathrm{d}t = \int_0^s \lambda e^{-\lambda t} \frac{(\lambda t)^{n-1}}{(n-1)!} e^{-\lambda(s-t)} \mathrm{d}t \\
&= \frac{\lambda^n e^{-\lambda s}}{(n-1)!} \int_0^s t^{n-1} \mathrm{d}t = \frac{\lambda^n e^{-\lambda s}}{(n-1)!} \left. \frac{t^n}{n} \right|_0^s = \frac{(\lambda s)^n e^{-\lambda s}}{n!}.
\end{aligned}
$$

故 $N(s) \sim P(\lambda s)$. ∎

$\lambda = \dfrac{EN(s)}{s}$ 称为 Poisson 过程的**强度**或**速率**.

由指数分布的无记忆性和引理 1.1, 我们很容易得到下列结论:

引理 1.2　$N(t+s) - N(s) \sim P(\lambda t)(t \geqslant 0)$ 且与 $N(r)(0 \leqslant r \leqslant s)$ 相互独立.

由引理 1.2, 我们很容易得到下列结论:

引理 1.3　$N(t)$ 具有独立增量性: 若 $t_0 < t_1 < \cdots < t_n$, 那么 $N(t_1) - N(t_0)$, $N(t_2) - N(t_1)$, $\cdots$, $N(t_n) - N(t_{n-1})$ 相互独立.

定理 1.4　$\{N(t): t \geqslant 0\}$ 是一个 Poisson 过程当且仅当:

(1) $N(0) = 0$;

(2) $N(t+s) - N(s) \sim P(\lambda t)(t \geqslant 0)$;

(3) $N(t)$ 具有独立增量性.

证明　必要性:

根据 Poisson 过程定义、引理 1.2 和引理 1.3, 知必要性成立.

充分性:

记 T_n 表示第 n 个顾客的到达时刻.

由于 $P(\tau_1 > t) = P(N(t) = 0) = e^{-\lambda t}$, 故 $\tau_1 = T_1 \sim E(\lambda)$.

$\tau_2 = T_2 - T_1$.

由于 $P(\tau_2 > t \mid \tau_1 = s) = P(N(t+s) - N(s) = 0 \mid N(r) = 0, r < s, N(s) = 1)$

$$= P(N(t+s) - N(s) = 0) = e^{-\lambda t},$$

故 $\tau_2 \sim E(\lambda)$.

类似可证：$\tau_n \sim E(\lambda)$，$n = 3, 4, \cdots$.

例 1.1 设从早上 8 点开始有无穷多人排队等候服务，只有 1 名服务员，且每人接受服务的时间是独立的并服从均值为 20 分钟的指数分布，则到中午 12 点为止平均有多少人已经离开？已有 9 人接受服务的概率是多少？

解 离开的人数 $\{N(t)\}$ 是强度为 3 的泊松过程（以小时为单位），故到中午 12 点为止平均有 12 人离开.

已有 9 人接受服务的概率是 $P(N(4) = 9) = \dfrac{12^9}{9!} e^{-12}$.

例 1.2 顾客依 Poisson 过程到达某商店，速率为 4 人／小时. 已知商店上午 9:00 开门，试求到 9:30 时仅到一位顾客，而到 11:30 时总计已到达 5 位顾客的概率.

解 令 t 的计时单位为小时，并以 9:00 为起始时刻.

$$N\left(\frac{1}{2}\right) \sim P\left(4 \times \frac{1}{2}\right), \quad N\left(\frac{5}{2}\right) - N\left(\frac{1}{2}\right) \sim P(4 \times 2),$$

$$P\left(N\left(\frac{1}{2}\right) = 1, N\left(\frac{5}{2}\right) = 5\right) = P\left(N\left(\frac{5}{2}\right) - N\left(\frac{1}{2}\right) = 4, N\left(\frac{1}{2}\right) = 1\right)$$

$$= P\left(N\left(\frac{5}{2}\right) - N\left(\frac{1}{2}\right) = 4\right) \cdot P\left(N\left(\frac{1}{2}\right) = 1\right) = \frac{8^4}{4!} e^{-8} \cdot \frac{2^1}{1!} e^{-2} = 0.0155.$$

当时间间隔不再服从相同的指数分布时，我们将 Poisson 过程的定义推广，从而得到非齐次 Poisson 过程（速率不是常数）的定义.

定义 1.2 我们称 $\{N(t): t \geqslant 0\}$ 是一个**非齐次 Poisson** 过程（速率随时间变化），若它满足：

(1) $N(0) = 0$；

(2) $N(t)$ 具有独立增量性；

(3) $N(t) - N(s)$ 服从均值为 $\int_s^t \lambda(r) \mathrm{d}r$ 的 Poisson 分布.

注意：非齐次泊松过程不具有平稳增量性.

在实际中，非齐次 Poisson 过程也是比较常用的. 例如：考虑设备故障率时，由于设备使用年限的变化，出故障的可能性会随之变化；放射性物质的衰变速度，会因各种外部条件的变化而随之变化；昆虫产卵的平均数量随年龄和季节变化而变化等．在这样的情况下，再用齐次 Poisson 过程来描述就不合适了，于是改用非齐次的 Poisson 过程来处理．

例 1.3　某商店每天营业 12 个小时，前三个小时到达的顾客平均为 10 人／小时，最后三个小时到达的顾客平均为 15 人／小时，中间 6 个小时到达的顾客平均为 20 人／小时．求某天接待顾客不超过 100 人的概率．

解　设顾客流 $N(t)$ 为非齐次泊松过程，强度函数

$$\lambda(t) = \begin{cases} 10, & 0 \leq t \leq 3, \\ 20, & 3 < t \leq 9, \\ 15, & 9 < t \leq 12, \end{cases}$$

$$\int_0^{12} \lambda(t)\,\mathrm{d}t = 195,$$

$$P(N(12) - N(0) \leq 100) = \sum_{k=0}^{100} \frac{195^k}{k!} \mathrm{e}^{-195}.$$

例 1.4　设某设备的使用期限为 10 年，在前 5 年内它平均 2.5 年需要维修一次，后 5 年平均 2 年需维修一次．试求它在使用期内只维修过一次的概率．

解　设维修次数 $N(t)$ 为非齐次泊松过程，强度函数为

$$\lambda(t) = \begin{cases} \dfrac{1}{2.5}, & 0 \leq t \leq 5, \\ \dfrac{1}{2}, & 5 < t \leq 10, \end{cases}$$

$$\int_0^{10} \lambda(t)\,\mathrm{d}t = 4.5,$$

$$P(N(10) = 1) = \frac{4.5^1}{1!} \mathrm{e}^{-4.5} = \frac{9}{2} \mathrm{e}^{-4.5}.$$

例 1.5　设某路公共汽车从早晨 5 时到晚上 9 时有车发出．乘客流量是 5 时按平均乘客 200 人／时计算；5 ~ 8 时乘客平均到达率线性增加，8 时到达率为 1400 人／时；8 ~ 18 时保持平均到达率 1400 人／时不变；18 ~ 21 时从到达率 1400 人／时按线性下降，到 21 时为 200 人／时．假定乘客数在不重叠时间间隔内是相互独立的，求 12 ~ 14 时有 2000 人来站乘车的概率，并求这两个小时内来站乘车人数

的数学期望.

解 令早晨 5 时为时刻 0, 依题意得乘客到达率为

$$\lambda(t) = \begin{cases} 200 + 400t, & 0 \leq t < 3, \\ 1400, & 3 \leq t < 13, \\ 1400 - 400(t-13), & 13 \leq t \leq 16, \end{cases}$$

$\int_7^9 1400 \mathrm{d}t = 2800$, 则 $N(9) - N(7) \sim P(2800)$.

$$P(N(9) - N(7) = 2000) = \frac{2800^{2000}}{2000!} \mathrm{e}^{-2800}.$$

$$E(N(9) - N(7)) = 2800.$$

例 1.6 设某商店每日 8 时开始营业. 从 8 ~ 11 时顾客平均到达率线性增加, 在 8 时顾客平均到达率为 5 人 / 时; 11 时到达率达最高峰, 为 20 人 / 时. 11 ~ 13 时顾客平均到达率保持 20 人 / 时不变. 13 ~ 17 时顾客到达率线性下降, 到 17 时顾客到达率为 12 人 / 时. 假定在不重叠时间间隔内到达的顾客数是相互独立的, 求 8 点半到 9 点半无顾客到达的概率, 并求这段时间内到达商店的顾客人数的数学期望.

解 令 8 时为时刻 0, 依题意得乘客到达率为

$$\lambda(t) = \begin{cases} 5 + 5t, & 0 \leq t < 3, \\ 20, & 3 \leq t < 5, \\ 20 - 2(t-5), & 5 \leq t \leq 9, \end{cases}$$

$\int_{0.5}^{1.5} (5 + 5t) \mathrm{d}t = 10$, 则 $N(1.5) - N(0.5) \sim P(10)$.

$$P(N(1.5) - N(0.5) = 0) = \frac{10^0}{0!} \mathrm{e}^{-10}.$$

$$E(N(1.5) - N(0.5)) = 10.$$

1.3 复合 Poisson 过程

定义 1.3 令 Y_1, Y_2, $\cdots$ 表示独立同分布的随机变量, N 是一个取值为非负整数的随机变量, $S = Y_1 + Y_2 + \cdots + Y_N$, 当 $N = 0$ 时, $S = 0$. 此时 S 称为**复合 Poisson 过程**.

注意：复合 Poisson 过程不一定是计数过程.

定理 1.5　（1）若 $E|Y_i|$，$EN < \infty$，则 $ES = EN \cdot EY_i$；

（2）若 EY_i^2，$EN^2 < \infty$，则 $D(S) = EN \cdot DY_i + DN \cdot (EY_i)^2$；

（3）若 $N \sim P(\lambda)$，则 $D(S) = \lambda EY_i^2$.

证明　（1）当 $N = n$，$S = Y_1 + Y_2 + \cdots + Y_n$ 时，$ES = nEY_i$. 根据 N 取值将 $ES = nEY_i$ 分解，有

$$ES = \sum_{n=1}^{\infty} E(S \mid N = n) \cdot P(N = n) = \sum_{n=1}^{\infty} nEY_i \cdot P(N = n)$$

$$= EY_i \sum_{n=1}^{\infty} n \cdot P(N = n) = EN \cdot EY_i.$$

（2）当 $N = n$，$S = Y_1 + Y_2 + \cdots + Y_n$ 时，$DS = nDY_i$，从而

$$E(S^2 \mid N = n) = nDY_i + n^2 (EY_i)^2.$$

$$ES^2 = \sum_{n=1}^{\infty} E(S^2 \mid N = n) \cdot P(N = n)$$

$$= \sum_{n=1}^{\infty} \left[nDY_i + n^2 (EY_i)^2 \right] \cdot P(N = n)$$

$$= DY_i \sum_{n=1}^{\infty} n \cdot P(N = n) + (EY_i)^2 \sum_{n=1}^{\infty} n^2 \cdot P(N = n)$$

$$= EN \cdot DY_i + EN^2 \cdot (EY_i)^2.$$

$$D(S) = ES^2 - (ES)^2 = EN \cdot DY_i + EN^2 \cdot (EY_i)^2 - (EN \cdot EY_i)^2$$

$$= EN \cdot DY_i + DN \cdot (EY_i)^2.$$

（3）若 $N \sim P(\lambda)$，则 $EN = DN = \lambda$，故 $D(S) = \lambda EY_i^2$.

例 1.7　假设在一天到达一家销售酒的商店的顾客数服从均值为 81 的 Poisson 分布，且每个顾客平均消费 8 元，标准差是 6 元. 求商店一天的平均收入、总收入的方差和标准差.

解　令 Y_i 表示第 i 名顾客的消费金额，则商店一天的平均收入 $ES = 81 \times 8 = 648$(元). 总收入的方差 $DS = 81 \times (6^2 + 8^2) = 8100$，标准差是 90 元.

例 1.8　设移民到某地定居的户数是一 Poisson 过程，已知平均每周有 2 户定居. 设每户的人口数是一随机变量，且一户有 4 人的概率为 $\frac{1}{6}$，有 3 人的概率为 $\frac{1}{3}$，有 2 人的概率为 $\frac{1}{3}$，有 1 人的概率为 $\frac{1}{6}$. 假定各户的人口数相互独立，

求 $[0, t]$ 周内到该地定居的移民人数的期望和方差.

解 令 Y_i 表示第 i 户人口数,则 $EY_i = \dfrac{5}{2}$, $EY_i^2 = \dfrac{43}{6}$.

$[0, t]$ 周内移民总人数 $X(t) = \displaystyle\sum_{i=1}^{N(t)} Y_i$, $N(t) \sim P(2t)$.

$$EX(t) = EN(t) \cdot EY_i = 2t \cdot \frac{5}{2} = 5t,$$

$$DX(t) = EN(t) \cdot EY_i^2 = 2t \cdot \frac{43}{6} = \frac{43}{3}t.$$

例 1.9 设某飞机场到达的客机数服从泊松过程,平均每小时到达的客机数为 5 架,客机共有 A, B, C 三种类型,它们能承载的乘客数分别是 180 人、145 人、80 人,且这三种飞机出现的概率相同. 求 3 小时内到达机场的乘客数的期望和方差.

解 令 Y_i 表示第 i 架飞机的乘客数,则 $EY_i = 135$, $EY_i^2 = 19942$.

$[0, t]$ 小时内的乘客数 $X(t) = \displaystyle\sum_{i=1}^{N(t)} Y_i$, $N(t) \sim P(5t)$.

$$EX(3) = EN(3) \cdot EY_i = 5 \times 3 \times 135 = 2025,$$

$$DX(3) = EN(3) \cdot EY_i^2 = 5 \times 3 \times 19942 = 299130.$$

例 1.10 设保险公司接到的索赔次数服从强度为 $\lambda = 5$ 次 / 月的 Poisson 过程,每次理赔金额均服从 $[2000, \ 10000]$(单位:元)上的均匀分布,则一年中保险公司平均赔付总额是多少?

解 令 Y_i 表示第 i 次的索赔金额,则 $EY_i = \dfrac{2000 + 10000}{2} = 6000$.

保险公司一年的赔付总额 $X(12) = \displaystyle\sum_{i=1}^{N(12)} Y_i$, $N(12) \sim P(5 \times 12)$.

$EX(12) = EN(12) \cdot EY_i = 5 \times 12 \times 6000 = 360000(元)$.

1.4 Poisson 过程的变换

1.4.1 分解

分解:将一个 Poisson 过程拆分为几个 Poisson 过程.

令 $N_k(t)$ 表示满足 $i \leqslant N(t)$ 且 $Y_i = k$ 的个数. 在例 1.8 中 Y_i 表示第 i 户人口数, 则 $N_k(t)$ 表示的就是在时刻 t 之前人口数恰好为 $k (k = 1, 2, 3, 4)$ 的定居户数.

记 $P(Y_i = k) = p_k$.

定理 1.6　$N_1(t)$, $N_2(t)$, $\cdots$ 是独立的 Poisson 过程, 且 $N_k(t)$ 的速率为 λp_k.

证明　我们仅证明 $k = 2$ 的情形. 记 $P(Y_i = 1) = p$, $P(Y_i = 2) = 1 - p$.

$(1) N_1(0) = N_2(0) = 0$;

(2) 下面证明 $X_1 = N_1(t + s) - N_1(s) \sim P(\lambda p t)$,
$$X_2 = N_2(t + s) - N_2(s) \sim P(\lambda(1 - p)t).$$

(注意: $X_1 + X_2 = N(t + s) - N(s) \sim P(\lambda t)$)

$$P(X_1 = j, X_2 = k) = P(X_1 + X_2 = j + k, X_1 = j)$$
$$= P(X_1 + X_2 = j + k)P(X_1 = j \mid X_1 + X_2 = j + k)$$
$$= \frac{(\lambda t)^{j+k}}{(j+k)!}e^{-\lambda t} \cdot C_{j+k}^j p^j (1-p)^k$$
$$= \frac{(\lambda t)^{j+k}}{(j+k)!}e^{-\lambda t} \cdot \frac{(j+k)!}{j!\,k!}p^j (1-p)^k$$
$$= \frac{(\lambda p t)^j}{j!}e^{-\lambda p t} \cdot \frac{(\lambda(1-p)t)^k}{k!}e^{-\lambda(1-p)t}$$

从而 $X_1 \sim P(\lambda p t)$, $X_2 \sim P(\lambda(1-p)t)$, 且 X_1 和 X_2 相互独立.

(3) 由 (2) 即可推出 $N_1(t_i) - N_1(t_{i-1})$, $N_2(t_i) - N_2(t_{i-1})$ 具有独立增量性.

利用定理 1.4 知, $N_1(t)$, $N_2(t)$ 是独立的 Poisson 过程且 $N_1(t)$ 的速率为 λp, $N_2(t)$ 的速率为 $\lambda(1 - p)$.

定理 1.7　假定在一个速率为 λ 的 Poisson 过程中, 我们控制每个点在 s 时刻到达的概率是 $p(s)$, 则结果是速率为 $\lambda p(s)$ 的非齐次 Poisson 过程.

注意　非齐次 Poisson 过程可看作速率为 λ 的 Poisson 过程分解的结果.

1.4.2　叠加

定理 1.8　假设 $N_1(t)$, $N_2(t)$, $\cdots$, $N_k(t)$ 是独立的 Poisson 过程且速率分别为 λ_1, λ_2, $\cdots$, λ_k, 则 $N_1(t) + N_2(t) + \cdots + N_k(t)$ 是一个 Poisson 过程, 且速率

为 $\lambda_1 + \lambda_2 + \cdots + \lambda_k$.

以上定理利用 Poisson 分布的可加性即可证明.

例 1.11 红队是一个速率为 λ 的 Poisson 过程,绿队是一个与之独立的速率为 μ 的 Poisson 过程,在 4 名绿队队员到达之前第 6 名红队队员已经到达的概率是多少?

解 问题等价于前 9 名中至少有 6 名红队队员到达. 否则,若前 9 名中至多只有 5 名红队队员到达,则至少有 4 名绿队队员已经到达,与条件矛盾.

将红队和绿队的 Poisson 过程看作以速率 $\lambda + \mu$ 的 Poisson 过程开始,并通过投硬币的方式决定颜色.

在 4 名绿队队员到达之前第 6 名红队队员已经到达的概率是 $\sum_{k=6}^{9} C_9^k p^k$ $(1-p)^{9-k}$,其中 $p = \dfrac{\lambda}{\lambda + \mu}$. 当 $\lambda = \mu$ 时,$\sum_{k=6}^{9} C_9^k \left(\dfrac{1}{2}\right)^9 = 0.2539$.

1.5 条件 Poisson 过程

1.5.1 条件 Poisson 过程

定义 1.4 设随机变量 $\Lambda > 0$,在 $\Lambda = \lambda$ 的条件下,计数过程 $\{N(t), t \geq 0\}$ 是强度为 λ 的 Poisson 过程,则称 $\{N(t), t \geq 0\}$ 为**条件 Poisson 过程**.

在风险理论中常用条件 Poisson 过程作为意外事件出现的模型. 意外事件的发生是 Poisson 过程,但由于意外事件发生的频率无法预知,只能用随机变量来表示,但一段时间之后频率确定下来,这个 Poisson 过程就有了确定的参数.

例 1.12 设意外事故的发生频率受某种未知因素的影响有两种可能 λ_1,λ_2,且 $P\{\Lambda = \lambda_1\} = p$,$P\{\Lambda = \lambda_2\} = 1-p$,$0 < p < 1$. 已知到时刻 t 已发生了 n 次事故. 求下一次事故在 $t+s$ 之前不会到来的概率. 另外,事故发生频率为 λ_1 的概率是多少?

解 (1) $P\{N(t+s) - N(t) = 0 \mid N(t) = n\}$

$$= \frac{P\{N(t+s) - N(t) = 0, N(t) = n\}}{P\{N(t) = n\}}$$

$$= \frac{\sum_{i=1}^{2} P\{\Lambda = \lambda_i\} P\{N(t+s) - N(t) = 0, \ N(t) = n \mid \Lambda = \lambda_i\}}{\sum_{i=1}^{2} P\{\Lambda = \lambda_i\} P\{N(t) = n \mid \Lambda = \lambda_i\}}$$

$$= \frac{p\mathrm{e}^{-\lambda_1 t} \dfrac{(\lambda_1 t)^n}{n!} \mathrm{e}^{-\lambda_1 s} + (1-p)\mathrm{e}^{-\lambda_2 t} \dfrac{(\lambda_2 t)^n}{n!} \mathrm{e}^{-\lambda_2 s}}{p\mathrm{e}^{-\lambda_1 t} \dfrac{(\lambda_1 t)^n}{n!} + (1-p)\mathrm{e}^{-\lambda_2 t} \dfrac{(\lambda_2 t)^n}{n!}}$$

$$= \frac{p\mathrm{e}^{-\lambda_1(t+s)} (\lambda_1 t)^n + (1-p)\mathrm{e}^{-\lambda_2(t+s)} (\lambda_2 t)^n}{p\mathrm{e}^{-\lambda_1 t} (\lambda_1 t)^n + (1-p)\mathrm{e}^{-\lambda_2 t} (\lambda_2 t)^n}$$

$$= \frac{p\mathrm{e}^{-\lambda_1(t+s)} \lambda_1^n + (1-p)\mathrm{e}^{-\lambda_2(t+s)} \lambda_2^n}{p\mathrm{e}^{-\lambda_1 t} \lambda_1^n + (1-p)\mathrm{e}^{-\lambda_2 t} \lambda_2^n}.$$

(2) $P\{\Lambda = \lambda_1 \mid N(t) = n\} = \dfrac{P\{\Lambda = \lambda_1, \ N(t) = n\}}{P\{N(t) = n\}}$

$$= \frac{P\{\Lambda = \lambda_1\} P\{N(t) = n \mid \Lambda = \lambda_1\}}{P\{N(t) = n\}} = \frac{p\mathrm{e}^{-\lambda_1 t} \dfrac{(\lambda_1 t)^n}{n!}}{p\mathrm{e}^{-\lambda_1 t} \dfrac{(\lambda_1 t)^n}{n!} + (1-p)\mathrm{e}^{-\lambda_2 t} \dfrac{(\lambda_2 t)^n}{n!}}$$

$$= \frac{p\mathrm{e}^{-\lambda_1 t} \lambda_1^n}{p\mathrm{e}^{-\lambda_1 t} \lambda_1^n + (1-p)\mathrm{e}^{-\lambda_2 t} \lambda_2^n}$$

1.5.2　事件发生时刻的条件分布

定理 1.9　令 T_1, T_2, T_3, $\cdots$ 表示一个速率为 λ 的 Poisson 过程的到达时刻, U_1, U_2, $\cdots$, U_n 独立且均服从 $[0, t]$ 上的均匀分布. 如果以 $N(t) = n$ 为条件, 那么 $\{T_1, T_2, \cdots, T_n\}$ 的分布与 $\{U_1, U_2, \cdots, U_n\}$ 的分布相同.

证明　我们仅证明 $n = 3$ 的情形.

以 $N(t) = 3$ 为条件, 即时刻 t 之前有 3 个到达, 下面求 $\{T_1, T_2, T_3\}$ 的联合密度函数.

记 $\tau_1 = t_1$, $\tau_2 = t_2 - t_1$, $\tau_3 = t_3 - t_2$, $\tau_4 > t - t_3$, $0 < t_1 < t_2 < t_3 < t$, 那么 $\{T_1, T_2, T_3\}$ 的条件分布为

$$\frac{\lambda e^{-\lambda t_1} \cdot \lambda e^{-\lambda(t_2-t_1)} \cdot \lambda e^{-\lambda(t_3-t_2)} \cdot e^{-\lambda(t-t_3)}}{\dfrac{(\lambda t)^3}{3!} e^{-\lambda t}} = \frac{\lambda^3 e^{-\lambda t}}{\dfrac{(\lambda t)^3}{3!} e^{-\lambda t}} = \frac{3!}{t^3}.$$

因为 $\{(v_1, v_2, v_3) : 0 < v_1, v_2, v_3 < t\}$ 的体积是 t^3，且 $v_1 < v_2 < v_3$ 为 3!

种可能排序之一，故 $\{(v_1, v_2, v_3) : 0 < v_1 < v_2 < v_3 < t\}$ 的体积是 $\dfrac{t^3}{3!}$，从

而 $[0, t]$ 上的均匀分布 $\{U_1, U_2, U_3\}$ 的联合密度函数是 $\dfrac{3!}{t^3}$. 故如果以 $N(t) = 3$

为条件，则 $\{T_1, T_2, T_3\}$ 的分布与 $\{U_1, U_2, U_3\}$ 的分布相同. ■

定理 1.9 意味着在时刻 t 有 n 个到达的条件下，到达的时刻和均匀抛掷在 $[0,$

$t]$ 上的 n 个点的位置分布一样.

定理 1.10　如果 $s < t$ 且 $0 \le m \le n$，那么

$$P\{N(s) = m \mid N(t) = n\} = \binom{n}{m} \left(\frac{s}{t}\right)^m \left(1 - \frac{s}{t}\right)^{n-m},$$

即在给定 $N(t) = n$ 时，$N(s)$ 的条件分布为 $B\left(n, \dfrac{s}{t}\right)$.

证明　时刻 s 的到达数与 $U_i < s$ 的个数相同. 由于给定 $N(t) = n$，事件 $\{U_i <$

$s\}$ 相互独立且 $P\{U_i < s\} = \dfrac{s}{t}$，从而 $U_i < s$ 的个数服从 $B\left(n, \dfrac{s}{t}\right)$，即

$$P\{N(s) = m \mid N(t) = n\} = \binom{n}{m} \left(\frac{s}{t}\right)^m \left(1 - \frac{s}{t}\right)^{n-m}. \quad ■$$

例 1.13　假设乘客按照速率为 λ 的 Poisson 过程 $\{N(t), t \ge 0\}$ 来到火车站

乘坐某次列车，若火车在时刻 t 启程，试求在 $[0, t]$ 内到达火车站乘坐该次列车

的乘客等待时间总和的数学期望.

解　设 T_k 是第 k 名乘客到达火车站的时刻，则所有乘客等待时间总和为

$\displaystyle\sum_{k=1}^{N(t)} (t - T_k).$

$$E \sum_{k=1}^{N(t)} (t - T_k) = \sum_{n=0}^{\infty} E\left(\sum_{k=1}^{n} (t - T_k) \mid N(t) = n\right) P(N(t) = n)$$

$$= \sum_{n=0}^{\infty} \left(nt - \sum_{k=1}^{n} E(T_k \mid N(t) = n)\right) P(N(t) = n)$$

13

$$= \sum_{n=0}^{\infty} \left(nt - \sum_{k=1}^{n} EU_k \right) P(N(t) = n)$$

$$= \sum_{n=0}^{\infty} \left(nt - \frac{1}{2} nt \right) \frac{(\lambda t)^n}{n!} e^{-\lambda t} = \sum_{n=1}^{\infty} \frac{1}{2} \lambda t^2 \frac{(\lambda t)^{n-1}}{(n-1)!} e^{-\lambda t}$$

$$= \frac{1}{2} \lambda t^2 e^{-\lambda t} e^{\lambda t} = \frac{1}{2} \lambda t^2.$$

1.6　习　　题

1. 令 T_i，$i = 1$，2，3 是表示速率为 λ_i 的指数分布，且相互独立.

(1) 证明：对于任意实数 t_1，t_2，t_3，

$\max\{t_1, t_2, t_3\} = t_1 + t_2 + t_3 - \min\{t_1, t_2\} - \min\{t_1, t_3\} - \min\{t_2, t_3\} + \min\{t_1, t_2, t_3\}$.

(2) 应用(1) 求解 $E\max\{T_1, T_2, T_3\}$.

2. 三个人在钓鱼，每个人钓到鱼的条数都是速率为每小时 2 条的指数分布，则直到每个人都至少钓到一条鱼需要等待多长时间？

3. A 和 B 同时进入一家美容院，A 要修指甲，而 B 要理发. 假定修指甲(理发) 的时间服从均值为 20(30) 分钟的指数分布，那么

(1)A 先修完指甲的概率是多少？

(2) 直到 A 和 B 都完成要花费的时间的期望是多少？

4. 在一家五金店，你必须首先到 1 号服务员处拿到你的商品，然后付款给 2 号服务员. 假定这两个活动时间都服从指数分布，均值分别为 6 分钟和 3 分钟. 假设当 B 到达商店时，1 号服务员正在接待顾客 A 而 2 号服务员空闲，那么计算 B 拿到商品并完成付款花费的平均时间.

5. 考虑一家有两名柜员的银行. A，B 和 C 三个人按顺序几乎同一时间进入银行. A 和 B 直接到服务窗口，而 C 等待第一个空闲的柜员. 假设每一名顾客的服务时间都服从均值为 4 分钟的指数分布，那么：

(1)C 完成他的业务所需总时间的期望是多少？

(2) 直到三个顾客都离开时需要总时间的期望是多少？

(3)C 是最后一个离开的概率是多少？

6. 到达某外贸公司办公室的客户数是速率为每小时 3 人的 Poisson 过程.

（1）早上 8 点应该开始办公，但是职员王明睡过了头，早上 10 点才到办公室. 问在这两个小时期间没有客户到达的概率是多少？

（2）直到他的第一个客户到达，王明需要等待的时间的分布是什么？

7. 某大道上的车流量服从一个速率为每分钟 6 辆汽车的 Poisson 过程. 一名快递员试图横穿马路. 如果在接下来的 5 秒钟有一辆车经过，那么将会发生车祸.

（1）求发生车祸的概率；

（2）如果快递员横穿马路仅需要 2 秒钟，那么发生车祸的概率是多少？

8. 到达一个自动柜员机的顾客数是一个速率为每小时 10 名的 Poisson 过程. 假设每一笔交易取出的现金均值为 3000 元，标准差为 2000 元. 求 8 小时中取出的总现金数的均值和标准差.

9. 王明钓到鱼的条数是一个速率为每小时 2 条的 Poisson 过程，其中 40% 的鱼为鲫鱼，而 60% 的鱼为鲢鱼. 如果他钓了 2.5 小时，那么恰好钓到 1 条鲫鱼和 2 条鲢鱼的概率是多少？

10. 一位编辑阅读 200 页的书稿，发现了 108 处错误. 假设作者书稿的错误数是速率为每页 λ 处（λ 未知），而我们根据长期经验了解到编辑能够发现书稿中 90% 的错误.

（1）计算发现错误数的期望值，并表示为速率 λ 的函数.

（2）运用（1）的答案估计 λ 的值和没有发现的错误数.

11. 一个电灯泡的寿命服从均值为 200 天的指数分布. 一旦电灯泡烧坏，门卫立即更换它. 另外，如果一位勤杂工的到达服从速率是 0.01 的 Poisson 过程，并且更换电灯泡来做"预防性维护". 那么

（1）多久更换一个电灯泡？

（2）从长远看，由于电灯泡损坏而更换的比例是多少？

12. 到达一家银行的顾客数是一个速率为每小时 10 人的 Poisson 过程. 已知在前 5 分钟内有 2 名顾客到达，那么

（1）求这 2 名顾客都是在前 2 分钟内到达的概率.

（2）求至少有一名顾客是在前 2 分钟到达的概率.

第 2 章　更 新 过 程

2.1　更新过程的定义

在第 1 章的 Poisson 过程中，相邻到达时刻的时间间隔是相互独立且服从指数分布的随机变量．指数分布的无记忆性对于推导 Poisson 过程的特殊性质是非常重要的．然而在很多情形中，时间间隔服从指数分布的假设并不合理．因此，本章我们将考虑 Poisson 过程的一种推广 —— 更新过程，其中，事件发生的时间间隔只要求独立同分布的随机变量.

我们可以设想这样一个场景：考虑有一个非常尽责的门卫管理一盏电灯，当灯泡烧坏时就立即更换．将一个新灯泡(编号为 1) 换上的时刻记为 0 时刻，t_n 是第 n 个灯泡的寿命(独立同分布)，$T_n = t_1 + t_2 + \cdots + t_n$ 是第 n 个灯泡烧坏的时刻，$N(t) = \max\{n: T_n \leqslant t\}$ 表示到时刻 t 为止已更换的灯泡数.

在介绍更新过程的重要结论之前，我们先回顾概率论中的辛钦大数定律.

定理 2.1(辛钦大数定律)　令 X_1，X_2，$\cdots$ 独立同分布，$EX_i = \mu$，$S_n = X_1 + \cdots + X_n$，则 $\bar{X}_n = \dfrac{1}{n} S_n \xrightarrow{P} \mu$.

定理 2.2　令 $\mu = Et_i$ 表示平均间隔时间．如果 $P(t_i > 0) > 0$，那么 $\dfrac{N(t)}{t} \xrightarrow{P} \dfrac{1}{\mu}$.

证明　设 $X_i = t_i$，则 $S_n = T_n$.

由于 $T_{N(t)} \leqslant t < T_{N(t)+1}$，故 $\dfrac{T_{N(t)}}{N(t)} \leqslant \dfrac{t}{N(t)} < \dfrac{T_{N(t)+1}}{N(t)} = \dfrac{T_{N(t)+1}}{N(t)+1} \cdot \dfrac{N(t)+1}{N(t)}$.

由定理 2.1 知，$\dfrac{T_{N(t)}}{N(t)} \xrightarrow{P} \mu$，$\dfrac{T_{N(t)+1}}{N(t)} \xrightarrow{P} \mu$，因此 $\dfrac{t}{N(t)} \xrightarrow{P} \mu$，从而 $\dfrac{N(t)}{t} \xrightarrow{P} \dfrac{1}{\mu}$.

定理 2.2 主要计算了单位时间内的更新次数，即如果灯泡平均使用了 μ 年时间，那么 1 年中将用坏大约 $\dfrac{1}{\mu}$ 个灯泡.

在定理 2.2 的基础上我们进一步延伸，研究更新报酬过程. 我们假定在第 i 次更新的时刻会获得报酬 r_i，报酬 r_i 可能会依赖于第 i 个时间间隔 t_i，但我们假定 (r_i, t_i) 独立同分布. 令 $R(t) = \sum\limits_{i=1}^{N(t)} r_i$ 表示时刻 t 获得的总报酬. 下面我们介绍更新报酬过程的重要结论.

定理 2.3 $\quad \dfrac{R(t)}{t} \xrightarrow{P} \dfrac{Er_i}{Et_i}$.

证明 $\quad \dfrac{R(t)}{t} = \dfrac{\sum\limits_{i=1}^{N(t)} r_i}{t} = \dfrac{\sum\limits_{i=1}^{N(t)} r_i}{N(t)} \cdot \dfrac{N(t)}{t} \xrightarrow{P} Er_i \cdot \dfrac{1}{Et_i}$.

定理 2.3 可以直观地理解为：单位时间内获得的报酬即每周期的期望报酬与每周期的期望时长的比值.

例 2.1 假设一辆汽车的寿命是一个密度函数为 $h(t)$ 的随机变量. 一旦旧汽车报废了或使用了 T 年之后，孙老师马上就购买一辆新车. 假定购买新车要花费 A 元，而如果汽车在 T 之前发生故障，维修费用为 B 元. 请问从长远看，孙老师每单位时间的费用是多少？

解 令第 i 个周期的持续时间为 $t_i = \begin{cases} t_i, & t_i < T, \\ T, & t_i \geqslant T, \end{cases}$

则 $\qquad\qquad\qquad Et_i = \displaystyle\int_0^T th(t)\,\mathrm{d}t + T\int_T^{+\infty} h(t)\,\mathrm{d}t.$

第 i 个周期的报酬(费用)r_i 包含两部分：购买费用 A 元和维修费用 B 元($t_i < T$)，则 $Er_i = A + B\displaystyle\int_0^T h(t)\,\mathrm{d}t.$

利用定理 2.3，得从长远看，孙老师每单位时间的费用是

$$\frac{Er_i}{Et_i} = \frac{A + B\int_0^T h(t)\,\mathrm{d}t}{\int_0^T th(t)\,\mathrm{d}t + T\int_T^{+\infty} h(t)\,\mathrm{d}t}.$$

下面我们代入具体数值计算例 2.1 中 T 应为何值时可保证单位时间的费用最小.

假设 $A = 10$(万元)，$B = 3$(万元)，$h(t)$ 服从 $[0,\ 10]$ 上均匀分布(此条件意味着 $0 \leqslant T \leqslant 10$)，则

$$Er_i = A + B\int_0^T h(t)\,\mathrm{d}t = 10 + 3 \times \int_0^T \frac{1}{10}\mathrm{d}t = 10 + 0.3T,$$

$$Et_i = \int_0^T th(t)\,\mathrm{d}t + T\int_T^{+\infty} h(t)\,\mathrm{d}t = \int_0^T t\frac{1}{10}\mathrm{d}t + T\int_T^{10}\frac{1}{10}\mathrm{d}t = T - 0.05T^2,$$

$$\frac{Er_i}{Et_i} = \frac{10 + 0.3T}{T - 0.05T^2},$$

$$\frac{\mathrm{d}\left(\dfrac{Er_i}{Et_i}\right)}{\mathrm{d}T} = \frac{0.015T^2 + T - 10}{(T - 0.05T^2)^2} = 0,\ 得\ T = \frac{-1 + \sqrt{1.6}}{0.03} \approx 8.83.$$

此结果表明孙老师 8.83 年之后换新车可保证单位时间的费用最小.

例 2.2　设乘客到达汽车站形成一个更新过程，其更新间距分布有期望 μ. 现设车站用如下方法调度汽车：当有 K 个乘客到达车站时发出一辆汽车. 同时还假定每个旅客在车站等候时车站每单位时间要付出 c 元赔偿金，而开出一辆汽车的成本是 D 元. 求车站单位时间的平均成本.

解　第 i 个顾客和第 $i+1$ 个顾客到达的时间间隔为 t_i，则开出一辆汽车的平均时长是 $E\sum\limits_{i=1}^{K} t_i = \sum\limits_{i=1}^{K} Et_i = K\mu$，而开出一辆汽车的平均费用是

$$D + E\left(c\sum_{i=2}^{K} t_i + c\sum_{i=3}^{K} t_i + \cdots + c\sum_{i=K-1}^{K} t_i + ct_K\right)$$

$$= D + \left(c\sum_{i=2}^{K} Et_i + c\sum_{i=3}^{K} Et_i + \cdots + c\sum_{i=K-1}^{K} Et_i + cEt_K\right)$$

$$= D + c(K-1)\mu + c(K-2)\mu + \cdots + 2c\mu + c\mu$$

$$= D + \frac{K(K-1)c\mu}{2}.$$

利用定理2.3，得车站单位时间的平均成本为$\dfrac{D}{K\mu}+\dfrac{(K-1)c}{2}$.

根据更新报酬过程的思路，我们可以进一步研究更新过程的拓展问题——交替更新过程.

在日常生活中我们会发现这样的实例：某机器正常工作一段时间后，发生故障，工人经过一段时间维修后，机器恢复正常工作. 机器正常工作一段时间后，又发生故障，工人经过一段时间维修后，机器又恢复正常工作……如此循环往复，这就是典型的交替更新过程. 交替更新过程的特点就是该过程包含两个状态，且这两个状态交替出现.

我们不妨设交替更新过程在状态1上花费的时间为s_i，在状态2上花费的时间为μ_i.

令s_1，s_2，… 独立同分布，分布函数为F，均值为μ_F；μ_1，μ_2，… 独立同分布，分布函数为G，均值为μ_G.

定理 2.4　在一个交替更新过程中，处于状态1的时间比例的极限为$\dfrac{\mu_F}{\mu_F+\mu_G}$.

证明　令$t_i=s_i+\mu_i$为第i次循环的持续时间，令报酬$r_i=s_i$，根据定理2.3，有$\dfrac{R(t)}{t}\xrightarrow{P}\dfrac{Er_i}{Et_i}=\dfrac{\mu_F}{\mu_F+\mu_G}$. ∎

例 2.3　一个灯泡在烧坏之前的使用时间的分布函数为F，均值为μ_F. 一个门卫按照速率为λ的Poisson过程来检查灯泡，如果灯泡烧坏了就更换灯泡.

（1）更换灯泡的速率是多少？

（2）灯泡工作时间的比例的极限值是多少？

（3）门卫检查时，更换灯泡的比例的极限值是多少？

解　假设在时刻0安上一个新灯泡，它将持续工作s_1时间. 根据指数分布的无记忆性，到下次检查还需要μ_1的时间，μ_1服从速率为λ的指数分布. 然后更换灯泡，重新开始一个循环，因此我们得到一个交替更新过程.

（1）每个循环的期望长度$Et_i=\mu_F+\dfrac{1}{\lambda}$，因此，如果$N(t)$表示到时刻$t$为止

更换的灯泡数，则根据定理2.2，有 $\dfrac{N(t)}{t} \xrightarrow{P} \dfrac{1}{\mu_F + \dfrac{1}{\lambda}}$.

（2）设灯泡正常工作为状态1，灯泡烧坏后等待门卫检查为状态2．利用定理 2.4，得到灯泡工作时间的比例的极限值是 $\dfrac{\mu_F}{\mu_F + \dfrac{1}{\lambda}}$.

（3）令 $V(t)$ 表示到时刻 t 为止门卫已经检查的次数，根据定理2.2，有 $\dfrac{V(t)}{t} \xrightarrow{P} \lambda$ ，再利用（1）的结论，我们得到门卫检查时更换灯泡的比例的极限值

是 $\dfrac{N(t)}{V(t)} \xrightarrow{P} \dfrac{\dfrac{1}{\lambda}}{\mu_F + \dfrac{1}{\lambda}}$ ，我们发现这个极限值也就是灯泡坏掉时间的比例的极限值.

2.2　更新过程在排队论中的应用

本节我们将应用更新理论的思想来得到排队论的一些重要结论.

2.2.1　GI/G/1 排队系统

GI-General Input，假定到达的时间间隔 t_i 独立同分布，分布函数为 F ，均值 为 $\dfrac{1}{\lambda}$ ，到达速率 $\dfrac{N(t)}{t} \to \lambda$.

G 表示一般服务时间．假定每个顾客需要的服务时间 s_i 独立同分布，分布函 数为 G ，均值为 $\dfrac{1}{\mu}$ ，服务速率为 μ .

1代表只有1名服务员.

定理 2.5　假定 $\lambda < \mu$ ．如果开始队列中只有有限个 $(k \geqslant 1)$ 需要服务的顾 客，那么队列将以概率1变为空队列．此外，服务忙期所占比例的极限为 $\dfrac{\lambda}{\mu}$.

证明　令 $T_n = t_1 + \cdots + t_n$ 表示第 n 位顾客的到达时刻， Z_0 表示时刻0时系

统中顾客所需的总服务时间，$S_n = s_1 + \cdots + s_n$ 表示时刻 0 之后到达的 n 位顾客所需的总服务时间，则 $\lim\limits_{n \to \infty} \dfrac{Z_0 + S_n}{n} = \lim\limits_{n \to \infty} \dfrac{S_n}{n} = \dfrac{1}{\mu}$.

另外，根据定理 2.1，有 $\dfrac{T_n}{n} \to \dfrac{1}{\lambda}$.

在 $[0, T_n]$ 中，该服务员实际工作时间为 $Z_0 + S_n - Z_n$，其中，Z_n 是在 T_n 时处于系统中排队的顾客需要的总服务时间，即在之后没有顾客到达的情况下，队列成为空队列所需的总时间.

由于 $\lambda < \mu$，$\lim\limits_{n \to \infty} \dfrac{Z_n}{n} = 0$，故 $\lim\limits_{n \to \infty} \dfrac{Z_0 + S_n - Z_n}{n} = \lim\limits_{n \to \infty} \dfrac{Z_0 + S_n}{n} = \dfrac{1}{\mu}$.

因此服务忙期所占比例的极限

$$\lim\limits_{n \to \infty} \dfrac{Z_0 + S_n - Z_n}{T_n} = \lim\limits_{n \to \infty} \dfrac{(Z_0 + S_n - Z_n)/n}{T_n/n} = \dfrac{\lambda}{\mu}.$$

2.2.2　Little 公式

首先介绍一下刻画排队系统的常用四个指标：L，L_Q，W，W_Q.

用 X_s 表示在时刻 s 时系统中的顾客数. L 表示从长远看系统中的平均顾客数，即 $L = \lim\limits_{t \to \infty} \dfrac{1}{t} \int_0^t X_s \mathrm{d}s$. L_Q 表示均衡状态下排队系统中队列的平均长度，但如果队列中仅有 1 人正在接受服务，那么我们对此不计数.

用 W_m 表示第 m 位到达的顾客在系统中花费的时间. W 表示从长远看一名顾客在系统中平均花费的时间，即 $M = \lim\limits_{n \to \infty} \dfrac{1}{n} \sum\limits_{m=1}^{n} W_m$. W_Q 表示从长远看一名顾客在系统中排队等待服务平均花费的时间，即 $W_Q = W - E s_i$.

用 $N(t)$ 表示在时刻 t 之前到达并进入排队系统的顾客数. λ 表示从长远看到达的顾客加入系统的平均速率，即 $\lambda = \lim\limits_{t \to \infty} \dfrac{N(t)}{t}$.

下面给出排队论中非常重要的 Little 公式.

定理 2.6(Little 公式)　　　$L = \lambda W$，$L_Q = \lambda W_Q$.

证明　　设在时间段 T 内顾客在系统中的逗留时间分别为 t_1，t_2，$\cdots$，顾客到

达人数均值为 λT. 在系统中逗留顾客的平均人数为 $L = \dfrac{\sum\limits_i t_i}{T}$，顾客在系统中平均

逗留时间 $W = \dfrac{\sum\limits_i t_i}{\lambda T}$，因此 $L = \lambda W$.

在上述证明中，将"逗留"相应换成"等待"即得 $L_Q = \lambda W_Q$.

下面我们利用 Little 公式给出定理 2.5 的另一种证明.

除了系统中顾客数为 0 的情况外，$L_Q = L - 1$.

令 $\pi(0)$ 表示系统中顾客数为 0 的概率，因此，$L_Q = \pi(0) + L - 1$.

由于 $L_Q = \lambda W_Q$，$L = \lambda W$，$W_Q = W - Es_i$，故

$$\pi(0) = L_Q - L + 1 = \lambda W_Q - \lambda W + 1 = 1 - \lambda Es_i = 1 - \frac{\lambda}{\mu},$$

因此服务忙期所占比例的极限为 $1 - \pi(0) = \dfrac{\lambda}{\mu}$.

2.2.3　M/G/1 排队系统

M-Markov 链，即输入是一个速率为 λ 的 Poisson 过程(第 4 章中我们会证明 Poisson 过程可看作连续时间 Markov 链).

因此，M/G/1 排队系统是 GI/G/1 的特殊情形.

根据定理 2.5，若 $\lambda < \mu$，则 GI/G/1 排队系统可多次重复回到空闲状态. 因此服务员会经历持续时间为 B_n 的忙期与持续时间为 I_n 的闲期交替(交替更新过程). 在输入为 Markov 链的条件下，I_n 是速率为 λ 的指数分布.

根据定理 2.4，有 $\pi(0) = \dfrac{EI_n}{EI_n + EB_n} = \dfrac{\dfrac{1}{\lambda}}{\dfrac{1}{\lambda} + EB_n}$，从而得到

$$EB_n = \frac{1}{\lambda}\left(\frac{1}{\pi(0)} - 1\right) = \frac{1}{\lambda}\left(\frac{1}{1 - \dfrac{\lambda}{\mu}} - 1\right) = \frac{1}{\mu - \lambda}.$$

下面我们来推导用来计算 M/G/1 排队系统中平均等待时间的 **Pollaczek-Khintchine** 公式：

$$W_Q = \frac{\frac{1}{2}\lambda E s_i^2}{1 - \lambda E s_i}.$$

设第 i 个顾客到达系统时,第 l 个顾客正在接受服务,其剩余服务时间为 R_i,此时等待队列中有 N_i 名顾客,W_i 表示第 i 名顾客的等待时间.

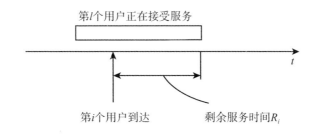

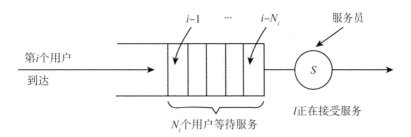

$$W_i = R_i + \sum_{k=i-N_i}^{i-1} s_k,$$

$$W_Q = E W_i = E R_i + E \sum_{k=i-N_i}^{i-1} s_k,$$

$$R_i = \int_0^{s_i} (s_i - x)\,\mathrm{d}x = \frac{1}{2}s_i^2\,(三角形面积).$$

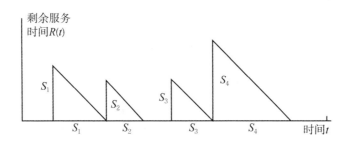

令 $M(t) =$ 时刻 t 之前到达的顾客数,

$ER_i =$ 时刻 t 之前三角形的总面积 $/t$

$$= \frac{1}{t} \sum_{k=1}^{M(t)} \frac{1}{2} s_k^2 = \frac{1}{2} \frac{M(t)}{t} \sum_{k=1}^{M(t)} \frac{s_k^2}{M(t)} = \frac{1}{2} \frac{M(t)}{t} Es_i^2.$$

当 $t \to \infty$ 时, $\frac{M(t)}{t} \to \lambda$, 故 $ER_i = \frac{1}{2} \lambda Es_i^2$.

故 $W_Q = ER_i + E \sum_{k=i-N_i}^{i-1} s_k$

$$= \frac{1}{2} \lambda Es_i^2 + EN_i \cdot Es_i (注意:EN_i 即队列的平均等待人数 L_Q = \lambda W_Q)$$

$$= \frac{1}{2} \lambda Es_i^2 + \lambda W_Q \cdot Es_i,$$

从而 $W_Q = \dfrac{\frac{1}{2} \lambda Es_i^2}{1 - \lambda Es_i}.$

由于 $Es_i = \frac{1}{\mu}$, 故 $1 - \lambda Es_i = 1 - \frac{\lambda}{\mu} = \pi(0)$. 因此 $W_Q = \dfrac{\frac{1}{2} \lambda Es_i^2}{\pi(0)}.$

例 2.4 Poisson 到达信息技术服务中心的顾客的速率为每分钟 $\frac{1}{6}$, 即到达的

平均时间间隔为 6 分钟. 假设每次服务时间的均值为 5 分钟, 标准差为 $\sqrt{59}$.

(1) 从长远看, 服务员闲期的时间比例是多少?

(2) 一位顾客的平均停留时间(含服务时间)是多少?

(3) 队列的平均长度是多少(含正在接受服务的顾客)?

解　依题意, 得: $\lambda = \frac{1}{6}$, $Es_i = 5 = \frac{1}{\mu}$, $Es_i^2 = 59 + 25 = 84$.

(1) $\pi(0) = 1 - \lambda Es_i = 1 - \frac{5}{6} = \frac{1}{6}$.

(2) $W_Q = \dfrac{\frac{1}{2} \lambda Es_i^2}{\pi(0)} = \dfrac{\frac{1}{2} \times \frac{1}{6} \times 84}{\frac{1}{6}} = 42$, $W = W_Q + Es_i = 42 + 5 = 47$.

(3) $L = \lambda W = \dfrac{1}{6} \times 47 = \dfrac{47}{6}$.

下面这个定理是 M/G/1 排队系统所特有的性质:

PASTA (Poisson arrivals see time averages)

顾客到达时观察到的队列长度的概率分布 = 第三方观察者长时间观察到的等待队列长度在时间轴上的分布.

令 a_n 是到达的顾客看到的队列长度为 n 的比例的极限, $\pi(n)$ 是等待队列中有 n 个顾客的时间所占比例的极限值.

PASTA 用数学语言来描述, 即为以下定理:

定理 2.7 $a_n = \pi(n)$.

此定理证明省略.

为了便于大家更加直观地理解该定理, 我们通过如下实例进行说明.

假设某银行上午9点开门, 下午5点关门, 银行内只有1名柜员进行服务. 高峰期时银行内最多有50名顾客, 全天共有400名顾客来该银行办理业务.

设 t_i 表示队列中有 i 名顾客的时间, $i = 0, 1, \cdots, 49$, $\sum\limits_{i=0}^{49} t_i = 8$ (小时), 则

$$(\pi(0), \pi(1), \cdots, \pi(49)) = \left(\frac{t_0}{8}, \frac{t_1}{8}, \cdots, \frac{t_{49}}{8}\right)$$ (第三方观察者长时间观察到的等待队列长度在时间轴上的分布).

第 1 名顾客看到的队列长度为 0,

第 2 名顾客看到的队列长度为 0 或 1,

第 3 名顾客看到的队列长度为 0 或 1 或 2,

$\vdots$

第 400 名顾客看到的队列长度为 0 或 1 或 2……或 49,

记 i 出现的频数为 f_i, $i = 0, 1, \cdots, 49$, 则 $\sum\limits_{i=0}^{49} f_i = 400$.

$$(a_0, a_1, \cdots, a_{49}) = \left(\frac{f_0}{400}, \frac{f_1}{400}, \cdots, \frac{f_{49}}{400}\right)$$ (顾客到达时观察到的队列长度的概率分布).

定理 2.7 说明 $(a_0, a_1, \cdots, a_{49}) = (\pi(0), \pi(1), \cdots, \pi(49))$.

2.3　习　　题

1. 王明做临时工，他每份工作的持续时间的均值为 11 个月．如果他在两个工作之间花费的时间是均值为 3 个月的指数分布，则从长远看，他处于工作状态的比例是多少？

2. 成百上千的人去武汉的某剧院看演唱会．他们将 4 米长的汽车停在剧院旁边的街道上，由于没有停放区指示，所以司机随机停放他们的汽车，且车与车之间的剩余空间是相互独立的，均服从(0, 2)（单位：米）上的均匀分布．从长远看，街道上多大比例的区域停放了汽车？

3. 某机场的航站楼前的区域是酒店班车的停靠区域．顾客按照速率为每小时 10 位的 Poisson 过程到达，他们等待班车去附近的希尔顿酒店．当班车上有 7 人时，班车发车，且往返于酒店的时间是 36 分钟．当班车离开后到达的那些顾客会选择去其他的酒店．

（1）顾客最终去希尔顿酒店的比例是多少？

（2）一个去希尔顿酒店的顾客在班车上等待出发所需的时间是多少？

4. 一名警察(平均) 大约需要 10 分钟拦停一辆超速汽车．90% 的汽车被拦停后被开了 80 元的罚单．这名警察平均需要 5 分钟的时间来填写罚单．另外 10% 被拦停的汽车超速行为更严重，平均需要交纳 300 元的罚款．这些更严重的处罚平均需要 30 分钟才能处理完．从长远看，他罚款的速率是多少(平均每分钟多少元)？

5. 一位医生在急诊室值夜班．急诊按照速率为每小时 0.5 位的 Poisson 过程到达．医生仅能在距离上次急诊 36 分钟的情况下才能睡觉．例如，如果在 1:00 有一个急诊，1:17 时有第二个急诊，那么医生至少要到 1:53 才能睡觉，如果在那之前又来了一个急诊，那么医生睡觉的时间会更晚．

（1）通过构建一个更新报酬过程，其中第 i 个时间间隔内获得的报酬是在那个时间间隔中他能睡觉的总时间，计算从长远看他睡觉时间的比例．

（2）医生在睡觉时间 s_i 和清醒时间 u_i 上交替．根据（1）的答案计算 Eu_i.

第3章 离散时间 Markov 链

3.1 离散时间 Markov 链的定义

Markov 链最初由 Markov 于 1906 年开始研究而得名. 如今，Markov 链的研究已经发展得较为系统和深入，成了重要的随机过程，在自然科学、工程技术和经济管理的各个领域都有广泛的应用.

本章主要介绍离散时间 Markov 链，即时间指标集 T 为非负整数集，且状态空间 S 为正整数集或其子集的 Markov 过程. 下面先介绍一个著名的例子，之后给出离散时间 Markov 链一个性质的描述，此性质也可以作为离散时间 Markov 链的定义.

例 3.1 赌徒破产链 假设在一场赌博中每一局赢 1 元的概率都是 $p = 0.4$，输 1 元的概率为 $1 - p = 0.6$. 假定赌场规定：一旦财富达到了 N 元或者 0 元就退出赌博游戏.

用 X_n 表示 n 局之后你拥有的财富，则 X_n 具有"**Markov 性**". 也就是说，当给定当前的状态 X_n 时，过去的任何其他信息与下一个状态 X_{n+1} 的预测都是不相干的. 即如果在时刻 n 你仍然在赌博，那么

$$P(X_{n+1} = i + 1 \mid X_n = i,\ X_{n-1} = i_{n-1},\ \cdots,\ X_0 = i_0) = P(X_{n+1} = i + 1 \mid X_n = i) = 0.4,$$

$$P(X_{n+1} = i - 1 \mid X_n = i,\ X_{n-1} = i_{n-1},\ \cdots,\ X_0 = i_0) = P(X_{n+1} = i - 1 \mid X_n = i) = 0.6.$$

现在给出离散时间 Markov 链的正式定义.

定义 3.1 如果对任意 $j,\ i,\ i_{n-1},\ \cdots,\ i_0$，有

$$P(X_{n+1} = j \mid X_n = i,\ X_{n-1} = i_{n-1},\ \cdots,\ X_0 = i_0) = P(X_{n+1} = j \mid X_n = i), \quad (3.1)$$

则称 X_n 是一个**离散时间 Markov 链**.

式(3.1) 从概率的角度表明，随机过程 $\{X_n, n \geq 0\}$ 的"下一个状态" X_{n+1} 仅依赖于"现在状态" X_n，而与"过去状态" $X_{n-1}, \cdots, X_0$ 无关. 这种性质称作随机过程的 **Markov 性**.

我们称 $p_n(i, j) = P(X_{n+1} = j \mid X_n = i)$ 为 Markov 链在 n 时刻的一步**转移概率**. 一般来讲，$p_n(i, j)$ 随着 n 的变化而变化，但本章我们仅讨论它与 n 无关的 Markov 链，即 $p_n(i, j) = p(i, j)$（也可记为 p_{ij}），此时称 $\{X_n, n \geq 0\}$ 为**齐次 Markov 链**. 记

$$
\boldsymbol{P} = \begin{pmatrix} p_{11} & p_{12} & p_{13} & \cdots \\ p_{21} & p_{22} & p_{23} & \cdots \\ p_{31} & p_{32} & p_{33} & \cdots \\ \vdots & \vdots & \vdots & \ddots \end{pmatrix}, \tag{3.2}
$$

则称 $\boldsymbol{P}$ 为齐次 Markov 链 $\{X_n, n \geq 0\}$ 的**一步转移概率矩阵**，简称为**转移矩阵**.

直观上，转移概率给定了游戏的规则. 它给出了描述一个 Markov 链所需要的基本信息. 在赌徒破产链中，转移概率为

当 $0 < i < N$ 时，$p(i, i+1) = 0.4$，$p(i, i-1) = 0.6$；

$$p(0, 0) = p(N, N) = 1.$$

当 $N = 5$ 时，转移矩阵为

	0	1	2	3	4	5
0	1	0	0	0	0	0
1	0.6	0	0.4	0	0	0
2	0	0.6	0	0.4	0	0
3	0	0	0.6	0	0.4	0
4	0	0	0	0.6	0	0.4
5	0	0	0	0	0	1

在以上例子中，我们可以观察出转移概率 $p(i, j)$ 满足以下性质：

(1) $p(i, j) \geq 0$，因为条件概率的非负性；

(2) $\sum_j p(i, j) = 1$，因为当 $X_n = i$ 时，X_{n+1} 必然在某个状态 j.

用文字描述，上述两条性质表明：转移矩阵的所有元素非负且每一行和都

为 1.

另一方面，任意满足以上两条性质的矩阵都可以生成一个 Markov 链. 为了构建这样一个链，我们可以想象在玩一个桌面游戏. 当我们在状态 i 时，通过掷骰子(或者在电脑上生成一个随机数) 来选择下一个状态，以概率 $p(i, j)$ 到达状态 j.

例 3.2 品牌偏好链 假设有三个品牌的洗衣粉 1，2，3，令 X_n 表示消费者在第 n 次购买时选择的品牌. 购买这三个品牌并且满意的顾客下次选择相同品牌的概率分别为 0.8，0.6，0.4. 若他们改变品牌，他们会随机选择另外两个品牌中的一个. 求此 Markov 链的转移矩阵.

解 依题意知：$p(1, 1) = 0.8$，$p(2, 2) = 0.6$，$p(3, 3) = 0.4$；
$p(1, 2) = p(1, 3) = 0.1$，$p(2, 1) = p(2, 3) = 0.2$，$p(3, 1) = p(3, 2) = 0.3$.

因此，此 Markov 链的转移矩阵为：

	1	2	3
1	0.8	0.1	0.1
2	0.2	0.6	0.2
3	0.3	0.3	0.4

例 3.3 有三个黑球和三个白球，把这 6 个球任意等分给甲、乙两个袋中，并把甲袋中的白球数定义为该过程的状态，则有 4 个状态：0，1，2，3. 现每次从甲、乙两个袋中各取一球，然后交换，即把从甲袋取出的球放入乙袋，把从乙袋取出的球放入甲袋. 经过 n 次交换，过程的状态为 X_n，求此 Markov 链的转移矩阵.

解 显然，$p(0, 0) = 0$，$p(0, 1) = p(3, 2) = 1$，$p(i, j) = 0$，$|i - j| \geqslant 2$. 当 $X_n = 1$ 时，甲袋中有 1 个白球和 2 个黑球，乙袋中有 2 个白球和 1 个黑球. 若 $X_{n+1} = 0$，意味着第 $n + 1$ 次交换应为甲袋中的 1 个白球和乙袋中的 1 个黑球交换. 因此 $p(1, 0) = \dfrac{1}{3} \times \dfrac{1}{3} = \dfrac{1}{9}$. 若 $X_{n+1} = 2$，意味着第 $n + 1$ 次交换应为甲袋中的 1 个黑球和乙袋中的 1 个白球交换，因此 $p(1, 2) = \dfrac{2}{3} \times \dfrac{2}{3} = \dfrac{4}{9}$. 利用转移矩阵性质 (2) 可得：$p(1, 1) = 1 - \dfrac{1}{9} - \dfrac{4}{9} = \dfrac{4}{9}$.

同理可得：$p(2, 1) = \dfrac{2}{3} \times \dfrac{2}{3} = \dfrac{4}{9}$，$p(2, 3) = \dfrac{1}{3} \times \dfrac{1}{3} = \dfrac{1}{9}$，$p(2, 2) = 1 -$ $\dfrac{4}{9} - \dfrac{1}{9} = \dfrac{4}{9}$.

因此，此 Markov 链的转移矩阵为：

$$
\begin{array}{c c c c c}
 & 0 & 1 & 2 & 3 \\
0 & 0 & 1 & 0 & 0 \\
1 & 1/9 & 4/9 & 4/9 & 0 \\
2 & 0 & 4/9 & 4/9 & 1/9 \\
3 & 0 & 0 & 1 & 0
\end{array}
$$

例 3.4　库存链　某商店使用 (s, S) 订货策略，每天早上检查商品的剩余量，设为 x，则订购额为 $\begin{cases} 0, & x \geqslant s \\ S - x, & x < s \end{cases}$. 设订货和进货不需要时间，每天的需求量 Y_n 独立同分布，且 $P(Y_n = j) = a_j$，$j = 0, 1, 2, \cdots$. 现设 X_n 为第 n 天结束时的存货量，求此 Markov 链的转移概率.

解　依题意知：$X_{n+1} = \begin{cases} X_n - Y_{n+1}, & x \geqslant s, \\ S - Y_{n+1}, & x < s. \end{cases}$

当 $X_n = i < s$ 时，

$P_{ij} = P(X_{n+1} = j \mid X_n = i) = P(S - Y_{n+1} = j) = P(Y_{n+1} = S - j) = a_{S-j}$；

当 $X_n = i \geqslant s$ 时，

$P_{ij} = P(X_{n+1} = j \mid X_n = i) = P(X_n - Y_{n+1} = j \mid X_n = i) = P(Y_{n+1} = i - j) = a_{i-j}$.

综上知：$P_{ij} = \begin{cases} a_{i-j}, & X_n = i \geqslant s, \\ a_{S-j}, & X_n = i < s. \end{cases}$

3.2　多步转移概率

转移概率 $p(i, j) = P(X_{n+1} = j \mid X_n = i)$ 给出了从状态 i 经过一步到达状态 j 的概率，那么从状态 i 经过 m 步转移到状态 j 的概率 $P(X_{n+m} = j \mid X_n = i)$ 应如何计算呢？

我们先研究这样一个实例：

例3.5 社会流动链 令X_n表示一个家族的第n代所处的社会阶层,我们假定社会阶层包括 1 = 下层、2 = 中层、3 = 上层三种情况. 以社会学的简单观点,社会阶层的变化是一个 Markov 链,其转移概率为:

$$
\begin{array}{cccc}
 & 1 & 2 & 3 \\
1 & 0.7 & 0.2 & 0.1 \\
2 & 0.3 & 0.5 & 0.2 \\
3 & 0.2 & 0.4 & 0.4
\end{array}
$$

考虑以下具体问题:

问题1 你的父母是中层阶级(状态2). 那么你在上层阶级(状态3),你的孩子却在下层阶级(状态1)的概率是多少?

解
$$P(X_2 = 1, X_1 = 3 \mid X_0 = 2) = \frac{P(X_2 = 1, X_1 = 3, X_0 = 2)}{P(X_0 = 2)}$$

$$= \frac{P(X_1 = 3, X_0 = 2)}{P(X_0 = 2)} \cdot \frac{P(X_2 = 1, X_1 = 3, X_0 = 2)}{P(X_1 = 3, X_0 = 2)}$$

$$= P(X_1 = 3 \mid X_0 = 2) \cdot P(X_2 = 1 \mid X_1 = 3, X_0 = 2)$$

$$= P(X_1 = 3 \mid X_0 = 2) \cdot P(X_2 = 1 \mid X_1 = 3)$$

$$= p(2, 3)p(3, 1).$$

问题2 你父母是中层阶级(状态2). 那么你的孩子却在下层阶级(状态1)的概率是多少?

解
$$P(X_2 = 1 \mid X_0 = 2) = \sum_{k=1}^{3} P(X_2 = 1, X_1 = k \mid X_0 = 2)$$

$$= \sum_{k=1}^{3} p(2, k)p(k, 1).$$

同理可知:$P(X_2 = j \mid X_0 = i) = \sum\limits_{k=1}^{3} p(i, k)p(k, j)$. 上述等式右边是转移矩阵平方的$(i, j)$元.

于是,我们有如下定理:

定理3.1 m 步转移概率 $P(X_{n+m} = j \mid X_n = i)$ 是转移概率矩阵 $\boldsymbol{P}$ 的 m 次幂的(i, j)元.

证明 对 m 用数学归纳法.

(1)$m = 1$ 时,结论显然成立.

（2）假设 $m = t$ 时，结论成立，则当 $m = t + 1$ 时，

$$P(X_{n+t+1} = j \mid X_n = i) = \sum_k P(X_{n+t+1} = j, \; X_{n+t} = k \mid X_n = i)$$

$$= \sum_k \frac{P(X_{n+t+1} = j, \; X_{n+t} = k, \; X_n = i)}{P(X_n = i)}$$

$$= \sum_k \frac{P(X_{n+t} = k, \; X_n = i)}{P(X_n = i)} \cdot \frac{P(X_{n+t+1} = j, \; X_{n+t} = k, \; X_n = i)}{P(X_{n+t} = k, \; X_n = i)}$$

$$= \sum_k P(X_{n+t} = k \mid X_n = i) \cdot P(X_{n+t+1} = j \mid X_{n+t} = k, \; X_n = i)$$

$$= \sum_k P(X_{n+t} = k \mid X_n = i) \cdot P(X_{n+t+1} = j \mid X_{n+t} = k)$$

$$= \sum_k P^t(i, \; k) \cdot P(k, \; j)$$

$$= P^{t+1}(i, \; j).$$

■

例 3.6　甲、乙两人进行比赛，设每局比赛中甲胜的概率是 p，乙胜的概率是 q，和局的概率是 $r(p + q + r = 1)$. 设每局比赛后，胜者记" + 1"分，负者记" – 1"分，和局不记分. 若两人中有一人获得 2 分，则结束比赛. 以 X_n 表示比赛至第 n 局时甲获得的分数，问在甲获得 1 分的情况下，再赛两局可以结束比赛的概率是多少？

解　依题意知转移矩阵为：

$$
\begin{array}{c|ccccc}
 & -2 & -1 & 0 & 1 & 2 \\
\hline
-2 & 1 & 0 & 0 & 0 & 0 \\
-1 & q & r & p & 0 & 0 \\
0 & 0 & q & r & p & 0 \\
1 & 0 & 0 & q & r & p \\
2 & 0 & 0 & 0 & 0 & 1 \\
\end{array}
$$

以上矩阵平方后的结果为：

$$
\begin{array}{c|ccccc}
 & -2 & -1 & 0 & 1 & 2 \\
\hline
-2 & 1 & 0 & 0 & 0 & 0 \\
-1 & q + qr & r^2 + pq & 2pr & p^2 & 0 \\
0 & q^2 & 2qr & r^2 + 2pq & 2pr & p^2 \\
1 & 0 & q^2 & 2qr & r^2 + pq & p + rp \\
2 & 0 & 0 & 0 & 0 & 1 \\
\end{array}
$$

在甲获得 1 分的情况下，再赛两局可以结束比赛的概率即为

$$P^2(1, 2) + P^2(1, -2) = p + rp + 0 = p + rp.$$

例3.7 一篇文章中有 4 个印刷错误，现进行校对，校对一遍至少可以改正 1 个错误，且余下错误数出现的概率相等. 将错误在反复校对中逐渐消失的过程看成一个 Markov 链. 试求校对两次能改正全部错误的概率.

解 以 X_n 表示第 n 遍校对后文章中存在的错误数，依题意知：$\{X_n, n = 1, 2, 3, 4\}$ 是 Markov 链. 转移矩阵为：

	0	1	2	3	4
0	1	0	0	0	0
1	1	0	0	0	0
2	1/2	1/2	0	0	0
3	1/3	1/3	1/3	0	0
4	1/4	1/4	1/4	1/4	0

以上矩阵平方后的结果为：

	0	1	2	3	4
0	1	0	0	0	0
1	1	0	0	0	0
2	1	0	0	0	0
3	5/6	1/6	0	0	0
4	17/24	5/24	1/12	0	0

校对两次能改正全部错误的概率为 $P^2(4, 0) = \dfrac{17}{24}$.

下面我们介绍关于多步转移概率的一个重要结论：

定理 3.2(Chapman-Kolmogorov 方程) $P^{m+n}(i, j) = \sum_{k} P^m(i, k) P^n(k, j)$.

从线性代数的角度来看，根据方阵的幂的性质：$P^{m+n} = P^m \cdot P^n$，C-K 方程是明显成立的. 从马氏性的角度来看，C-K 方程揭示出从状态 i 经过 $m + n$ 步转移到状态 j 可以分解为两个独立的行程：从状态 i 经过 m 步转移到状态 k，然后从状态 k 经过 n 步转移到状态 j.

例3.8 硬币的正面、反面分别记为 1 和 2. 假定硬币初始时为正面，且投掷

时，硬币以 20% 的概率翻转．求硬币投掷 4 次后还是正面的概率．

　　解　以 X_n 表示第 n 次投掷后硬币的状态(正面、反面)，依题意知，$\{X_n,$ $n =1,$ $2,$ $\cdots\}$ 是 Markov 链，转移矩阵为：

$$
\begin{array}{ccc}
 & 1 & 2 \\
1 & 0.8 & 0.2 \\
2 & 0.2 & 0.8
\end{array}
$$

以上矩阵平方后的结果为：

$$
\begin{array}{ccc}
 & 1 & 2 \\
1 & 0.68 & 0.32 \\
2 & 0.32 & 0.68
\end{array}
$$

则 $p^4(1, 1) = 0.68^2 + 0.32^2 = 0.5648$，即硬币投掷 4 次后还是正面的概率为 0.5648.

　　例 3.9　设任意相继两天中，雨天转晴天的概率为 $\dfrac{1}{3}$，晴天转雨天的概率为 $\dfrac{1}{2}$，任意一天晴或雨互为逆事件．以"0"表示晴天，"1"表示雨天，已知 12 月 1 日为晴天，求 12 月 3 日为晴天、12 月 5 日为雨天的概率各等于多少．

　　解　以 X_n 表示第 n 天的天气(晴、雨)，依题意知，$\{X_n, n = 1, 2, \cdots\}$ 是 Markov 链，转移矩阵为：

$$
\begin{array}{ccc}
 & 0 & 1 \\
0 & 1/2 & 1/2 \\
1 & 1/3 & 2/3
\end{array}
$$

以上矩阵平方后的结果为：

$$
\begin{array}{ccc}
 & 0 & 1 \\
0 & 5/12 & 7/12 \\
1 & 7/18 & 11/18
\end{array}
$$

则 $p^2(0, 0) = \dfrac{5}{12}$，$p^4(0, 1) = \dfrac{5}{12} \times \dfrac{7}{12} + \dfrac{7}{12} \times \dfrac{11}{18} = \dfrac{259}{432}$，即 12 月 3 日为晴天、12 月 5 日为雨天的概率分别等于 $\dfrac{5}{12}$ 和 $\dfrac{259}{432}$.

3.3　状态分类

首先给出几个重要符号. 我们通常对一个固定初始状态的链的行为感兴趣. 因此我们引入简写 $P_x(A) = P(A \mid X_0 = x)$.

令 $T_y = \min\{n \geqslant 1 : X_n = y\}$ 为**首次回到 y 的时刻**(即不计时刻 0), 且令

$$\rho_{yy} = P_y\{T_y < \infty\}$$

为 X_n 从 y 开始返回到 y 的概率. 注意到如果不排除 $n = 0$, 这个概率始终为 1.

直观上, Markov 性意味着 X_n 返回到 y 两次的概率为 ρ_{yy}^2, 因为在第一次返回之后, 链在 y, 第一次返回后第二次返回的概率同样是 ρ_{yy}.

为了证明以上推理是合理的, 我们需要引入一个定义并陈述一个定理. 我们称 T 是一个**停时**, 如果事件"在时刻 n 停止", 即 $\{T = n\}$ 发生(或者不发生)可以通过观察过程直到时刻 n 的值 X_0, $\cdots$, X_n 来决定. 注意到

$$\{T_y = n\} = \{X_1 \neq y,\ X_2 \neq y,\ \cdots,\ X_{n-1} \neq y,\ X_n = y\},$$

并且等式右边可以由 X_0, $\cdots$, X_n 的值决定, 可以看出 T_y 是一个停时.

既然在时刻 n 是否停止仅与 X_0, $\cdots$, X_n 的值相关, 且在一个 Markov 链中未来分布仅仅通过现在的状态与过去无关, 不难相信 Markov 性对停时也成立. 这个事实可陈述为:

定理 3.3(强 Markov 性)　设 T 是一个停时. 给定 $T = n$ 和 $X_T = y$, 则 X_0, $\cdots$, X_T 的任意其他信息对未来的预测都无关, 且 X_{T+k}, $k \geqslant 0$ 的行为与初始状态为 y 的 Markov 链相同, 即 $P(X_{T+k} = z \mid X_T = y,\ T = n) = P(X_k = z \mid X_0 = y)$.

我们仅证明 $k = 1$ 情形.

证明　$k = 1$ 时, 即证 $P(X_{T+1} = z \mid X_T = y,\ T = n) = P(X_1 = z \mid X_0 = y) = p(y, z)$.

令 V_n 为向量集 $(x_0, \cdots, x_n)$, 使得如果 $X_0 = x_0$, $\cdots$, $X_n = x_n(= y)$, 则 $T = n$ 和 $X_T = y$.

根据 X_0, $\cdots$, X_n 的值进行分解, 有

$$P(X_{T+1} = z,\ X_T = y,\ T = n) = \sum_{x \in V_n} P(X_{n+1} = z,\ X_n = x_n,\ \cdots,\ X_0 = x_0)$$

$$= \sum_{x \in V_n} P(X_{n+1} = z \mid X_n = x_n,\ \cdots,\ X_0 = x_0) P(X_n = x_n,\ \cdots,\ X_0 = x_0)$$

$$= \sum_{x \in V_n} P(X_{n+1} = z \mid X_n = x_n) P(X_n = x_n, \cdots, X_0 = x_0)$$

$$= \sum_{x \in V_n} p(y, z) P(X_n = x_n, \cdots, X_0 = x_0) = p(y, z) \sum_{x \in V_n} P(X_n = x_n, \cdots, X_0 = x_0)$$

$$= p(y, z) P(X_T = y, T = n).$$

两边同时除以 $P(X_T = y, T = n)$，即证

$$P(X_{T+1} = z \mid X_T = y, T = n) = p(y, z). \quad\blacksquare$$

令 $T_y^1 = T_y$，当 $k \geqslant 2$ 时，令 $T_y^k = \min\{n > T_y^{k-1} : X_n = y\}$ 为第 k 次返回状态 y 的时刻. 强 Markov 性意味着在已经返回了 $k - 1$ 次的条件下再一次返回到 y 的条件概率为 ρ_{yy}. 由此，根据归纳法可得 $P_y(T_y^k < \infty) = \rho_{yy}^k$.

根据 ρ_{yy} 的可能取值，ρ_{yy}^k 有如下两种可能性：

(1)$0 \leqslant \rho_{yy} < 1$：当 $k \to \infty$ 时，返回 k 次的概率 $\rho_{yy}^k \to 0$. 因此 Markov 链最终不能再返回到 y. 这种情形下，状态 y 称为**非常返的**，因为在某个时刻之后，Markov 链永远不再访问该状态.

(2)$\rho_{yy} = 1$：返回 k 次的概率 $\rho_{yy}^k = 1$，因此 Markov 链可返回 y 无穷多次. 这种情形下，状态 y 称为**常返的**，因为它在 Markov 链中持续出现.

定理 3.4　若状态 y 是常返的，则该链以概率 1 无穷次返回 y；若状态 y 是非常返的，则该链以概率 1 只有有限次返回 y.

证明　若状态 y 是常返的，则 $\rho_{yy} = 1$，故该链从状态 y 出发经过有限步后必以概率 1 返回 y. 由强 Markov 性，该链返回状态 y 要重复发生. 随着时间的无限推移，将无穷次返回 y.

若状态 y 是非常返的，则 $\rho_{yy} < 1$，故该链每次返回 y 后都有正的概率 $1 - \rho_{yy}$ 不返回 y. 若将"不返回 y"记为 A，则 A 首次出现时已返回次数服从几何分布，其均值为 $\dfrac{1}{1 - \rho_{yy}}$. 这也就是说平均返回 y $\dfrac{1}{1 - \rho_{yy}}$ 次，就不再返回 y 了. 也就是说，以概率 1 只有有限次返回 y. $\quad\blacksquare$

例 3.10　赌徒破产　考虑 $N = 5$ 情形的具体例子，确定该链的常返态和非常返态.

	0	1	2	3	4	5
0	1	0	0	0	0	0
1	0.6	0	0.4	0	0	0
2	0	0.6	0	0.4	0	0
3	0	0	0.6	0	0.4	0
4	0	0	0	0.6	0	0.4
5	0	0	0	0	0	1

解 由于 $\rho_{00} = \rho_{55} = 1$，所以状态 0(破产者状态) 和 5(快乐赢家状态) 是常返态.

又由于 $P_1(T_1 = \infty) \geqslant p(1, 0) = 0.6 > 0 \Rightarrow \rho_{11} < 1$，

$\quad P_2(T_2 = \infty) \geqslant p(2, 1)p(1, 0) = 0.36 > 0 \Rightarrow \rho_{22} < 1$，

$\quad P_3(T_3 = \infty) \geqslant p(3, 4)p(4, 5) = 0.16 > 0 \Rightarrow \rho_{33} < 1$，

$\quad P_4(T_4 = \infty) \geqslant p(4, 5) = 0.4 > 0 \Rightarrow \rho_{44} < 1$，

所以状态 1，2，3，4 均为非常返态.

定义 3.2 若从状态 x 有一个正的概率可以到达 y，则称 x **可达** y，记为 $x \rightarrow y$，即 $\rho_{xy} = P_x(T_y < \infty) > 0$.

引理 3.1 若 $x \rightarrow y$ 且 $y \rightarrow z$，则 $x \rightarrow z$.

证明 因 $x \rightarrow y$，则存在一个 m，使得 $p^m(x, y) > 0$. 类似地，存在一个 n，使得 $p^n(y, z) > 0$. 因此 $p^{m+n}(x, z) \geqslant p^m(x, y)p^n(y, z) > 0$，所以 $x \rightarrow z$. ■

以上引理说明可达具有传递性.

定义 3.3 若 $x \rightarrow y$ 且 $y \rightarrow x$，则称 x 和 y **相通**，记为 $x \leftrightarrow y$.

定理 3.5 相通关系是等价关系.

证明 (1) 自反性：自身到自身 0 步可达；

(2) 对称性：由相通定义可得；

(3) 传递性：由可达具有传递性可得.

根据等价关系定义可知，相通关系是等价关系. ■

由于相通关系是等价关系，则状态空间可被划分为若干个不相交集合(即等价类)，并称之为**状态类**. 若两个状态相通，则它们属于同一类.

定理 3.6 若 $\rho_{xy} > 0$，但 $\rho_{yx} < 1$，则 x 是非常返的.

证明 令 $K = \min\{k: p^k(x, y) > 0\}$ 表示从 x 到达 y 所需的最少步数. 因

为 $p^K(x, y) > 0$, 则必然存在一个序列 $y_1, \cdots, y_{K-1}$, 使得 $p(x, y_1)p(y_1, y_2)\cdots p(y_{K-1}, y) > 0$. 既然 K 是最小值, 上述所有 $y_i \neq y$(否则将会有一个更短路径), 并且

$$P_x(T_x = \infty) \geqslant p(x, y_1)p(y_1, y_2)\cdots p(y_{K-1}, y)(1 - \rho_{yx}) > 0.$$

因此 x 是非常返的. ■

推论: 若 x 是常返的且 $\rho_{xy} > 0$, 则 $\rho_{yx} = 1$.

证明 (反证法)假设 $\rho_{yx} < 1$, 又 $\rho_{xy} > 0$, 根据定理 3.6 知, x 是非常返的, 与题设条件矛盾. 故 $\rho_{yx} = 1$. ■

引理 3.2 如果 x 是常返的且 $x \to y$, 则 y 是常返的.

证明 由 $x \to y$ 知, $\rho_{xy} > 0$. 根据以上推论知, $\rho_{yx} = 1 > 0$, 从而 $y \to x$. 因此 $x \leftrightarrow y$, 状态 x 和 y 属于同一个状态类. 由于 x 是常返的, 所以 y 是常返的. ■

定义 3.4 如果不能从该集合离开, 则称该集合为**闭集**, 即 $\forall i \in A$, $j \notin A$, $p^n(i, j) = 0$, $n \geqslant 1$.

根据引理 3.2, 我们可以推出: 常返态构成闭集.

引理 3.3 在一个有限闭集中至少存在一个常返态.

证明 (反证法)假设在有限闭集 $A = \{x_1, x_2, \cdots, x_n\}$ 中不存在常返态. 考察状态 x_1, 由于 x_1 是非常返态, 根据定理 3.4, 该链以概率 1 有限次返回 x_1, 然后必将到达另一个状态, 不妨设为 x_2; 由于 x_2 是非常返态, 根据定理 3.4, 该链以概率 1 有限次返回 x_2, 然后必将到达另一个状态, 不妨设为 x_3; 依次下去, 由于每个状态都是非常返态, 因此这个过程将无限进行下去. 这与题设条件"该闭集是有限集"矛盾, 因此在一个有限闭集中至少存在一个常返态. ■

定义 3.5 如果闭集中的状态都是相通的, 则称该闭集是**不可约的**.

根据引理 3.3, 我们可以推出: 有限不可约闭集中的状态一定都是常返态.

定理 3.7 若状态空间 S 是有限的, 则 S 可写为互不相交集合的并: $T \cup R_1 \cup \cdots \cup R_k$, 其中, T 是非常返态组成的集合, $R_i(1 \leqslant i \leqslant k)$ 是常返态组成的不可约闭集.

证明 令 T 是状态 x 的集合: 存在一个 y, 使得 $x \to y$ 但 $y \nrightarrow x$. 由定理 3.6 可知, T 是非常返态组成的集合. $S - T$ 根据相通关系可以划分为等价类 $R_1, \cdots, R_k$, $R_i(1 \leqslant i \leqslant k)$ 是有限不可约闭集, 因此 $R_i(1 \leqslant i \leqslant k)$ 中的状态都是常返态. ■

我们重温之前的例子：

例 3.10　赌徒破产　考虑 $N=5$ 情形的具体例子，确定该链的常返态和非常返态.

	0	1	2	3	4	5
0	1	0	0	0	0	0
1	0.6	0	0.4	0	0	0
2	0	0.6	0	0.4	0	0
3	0	0	0.6	0	0.4	0
4	0	0	0	0.6	0	0.4
5	0	0	0	0	0	1

解　根据转移概率矩阵画出状态转移图，由图可知，$\{0\}$ 和 $\{5\}$ 是不可约闭集，因此状态 0 和 5 是常返态，状态 1，2，3，4 是非常返态.

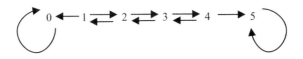

例 3.11　考虑如下转移矩阵，试确定该 Markov 链中的非常返态、常返态和不可约闭集.

	1	2	3	4	5
1	0.4	0.3	0.3	0	0
2	0	0.5	0	0.5	0
3	0.5	0	0.5	0	0
4	0	0.5	0	0.5	0
5	0	0.3	0	0.3	0.4

解　根据转移概率矩阵画出状态转移图，由图可知，$\{2, 4\}$ 是不可约闭

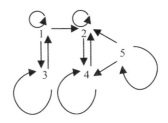

集，因此状态 2 和 4 是常返态，状态 1，3 和 5 是非常返态.

3.4　平　稳　分　布

若 Markov 链的初始状态是随机的，则将发生什么情况？

根据初始状态的值进行分解并运用条件概率的定义，

$$P(X_n = j) = \sum_i P(X_0 = i,\ X_n = j) = \sum_i P(X_0 = i)P(X_n = j \mid X_0 = i),$$

若我们引入 $q(i) = P(X_0 = i)$，则最后一个等式可写为

$$P(X_n = j) = \sum_i q(i)p^n(i,\ j),$$

即以初始概率行向量 q 左乘转移矩阵的 n 次幂.

例 3.12　社会流动链　假定初始分布为 $q(1) = 0.5$，$q(2) = 0.2$，$q(3) = 0.3$. 行向量 q 左乘转移矩阵得到时刻 1 时的概率向量.

$$(0.5,\ 0.2,\ 0.3)\begin{pmatrix} 0.7 & 0.2 & 0.1 \\ 0.3 & 0.5 & 0.2 \\ 0.2 & 0.4 & 0.4 \end{pmatrix} = (0.47,\ 0.32,\ 0.21).$$

若 $qp = q$，则称 q 为一个平稳分布. 若 0 时刻的分布和 1 时刻的分布相同，则由 Markov 性可知这也将是所有时刻 $n \geq 1$ 的分布.

平稳分布在 Markov 链理论中具有重要地位，因此我们使用一个特殊字母 π 来表示方程

$$\pi p = \pi$$

的解.

下面我们求社会流动链的平稳分布.

计算 $(\pi_1,\ \pi_2,\ \pi_3)\begin{pmatrix} 0.7 & 0.2 & 0.1 \\ 0.3 & 0.5 & 0.2 \\ 0.2 & 0.4 & 0.4 \end{pmatrix} = (\pi_1,\ \pi_2,\ \pi_3)$，可得

$$0.7\pi_1 + 0.3\pi_2 + 0.2\pi_3 = \pi_1,$$
$$0.2\pi_1 + 0.5\pi_2 + 0.4\pi_3 = \pi_2,$$
$$0.1\pi_1 + 0.2\pi_2 + 0.4\pi_3 = \pi_3.$$

我们不难发现这三个方程中有一个是多余的，因此我们将其中一个替换为

$$\pi_1 + \pi_2 + \pi_3 = 1.$$

这里我们不妨将最后一个方程进行替换，从而得到方程组

$$\begin{cases} 0.7\pi_1 + 0.3\pi_2 + 0.2\pi_3 = \pi_1, \\ 0.2\pi_1 + 0.5\pi_2 + 0.4\pi_3 = \pi_2, \\ \pi_1 + \pi_2 + \pi_3 = 1. \end{cases}$$

解得：$(\pi_1, \pi_2, \pi_3) = \left(\dfrac{22}{47}, \dfrac{16}{47}, \dfrac{9}{47}\right).$

例 3.13 假设某地有 1600 户居民，某产品只有甲、乙、丙 3 厂家在该地销售．经调查，8 月买甲、乙、丙三厂产品的户数分别为 480，320，800．9 月，原买甲产品的有 48 户转买乙产品，有 96 户转买丙产品；原买乙产品的有 32 户转买甲产品，有 64 户转买丙产品；原买丙产品的有 64 户转买甲产品，有 32 户转买乙产品．试求：

(1) 9 月市场占有率的分布；

(2) 12 月市场占有率的分布；

(3) 当顾客流如此长期稳定发展下去市场占有率的分布．

解 计算可得频数转移矩阵为 $\begin{pmatrix} 336 & 48 & 96 \\ 32 & 224 & 64 \\ 64 & 32 & 704 \end{pmatrix}$，从而转移概率矩阵为

$\begin{pmatrix} 0.7 & 0.1 & 0.2 \\ 0.1 & 0.7 & 0.2 \\ 0.08 & 0.04 & 0.88 \end{pmatrix}$，初始概率分布为 $(0.3, 0.2, 0.5)$.

(1) 9 月市场占有率的分布为

$$(0.3, 0.2, 0.5)\begin{pmatrix} 0.7 & 0.1 & 0.2 \\ 0.1 & 0.7 & 0.2 \\ 0.08 & 0.04 & 0.88 \end{pmatrix} = (0.27, 0.19, 0.54).$$

(2) 12 月市场占有率的分布为

$$(0.3, 0.2, 0.5)\begin{pmatrix} 0.7 & 0.1 & 0.2 \\ 0.1 & 0.7 & 0.2 \\ 0.08 & 0.04 & 0.88 \end{pmatrix}^4 = (0.2319, 0.1698, 0.5983).$$

（3）利用 $(\pi_1, \pi_2, \pi_3)\begin{pmatrix} 0.7 & 0.1 & 0.2 \\ 0.1 & 0.7 & 0.2 \\ 0.08 & 0.04 & 0.88 \end{pmatrix} = (\pi_1, \pi_2, \pi_3)$ 和 $\sum\limits_{i=1}^{3} \pi_i = 1$,

可得方程组

$$\begin{cases} 0.7\pi_1 + 0.1\pi_2 + 0.08\pi_3 = \pi_1, \\ 0.1\pi_1 + 0.7\pi_2 + 0.04\pi_3 = \pi_2, \\ \pi_1 + \pi_2 + \pi_3 = 1. \end{cases}$$

解得：$(\pi_1, \pi_2, \pi_3) = (0.219, 0.156, 0.625)$, 即当顾客流如此长期稳定发展下去市场占有率的分布为 $(0.219, 0.156, 0.625)$.

定理 3.8 设 $n \times n$ 转移矩阵 p 是不可约的, 则 $\pi p = \pi$ 存在唯一解, 其中 $\sum\limits_x \pi_x = 1$ 且对所有的 x 都有 $\pi_x > 0$.

证明 设 I 为单位阵. 由于 $\pi p = \pi$ 与 $\pi(p - I) = 0$ 同解, $p - I$ 的行和为 0, 故 $p - I$ 的秩 $\leqslant n - 1$, 从而 $\pi p = \pi$ 存在非零解 v.

令 $q = \dfrac{I + p}{2}$ 为懒惰链, 它以概率 $\dfrac{1}{2}$ 原地不动, 以概率 $\dfrac{1}{2}$ 根据 p 转移一步. 因为 $vp = v$, 则 $vq = v$. 令 $r = q^{n-1}$, 我们可得 $vr = v$. 由于 p 是 n 阶不可约矩阵, 则对于任意状态 x 和 y, 它们是相通的且它们之间的路径长度至多为 $n - 1$. 因此 $r(x, y) > 0$, 即 r 是一个元素全为正的矩阵.

下一步证明非零解 v 所有的分量同号. 假设符号不同, 由于 $r(x, y) > 0$, 所以

$$|v_y| = \left| \sum_x v_x r(x, y) \right| < \sum_x |v_x| r(x, y),$$

利用 $\sum\limits_y r(x, y) = 1$, 则有 $\sum\limits_y |v_y| < \sum\limits_y \sum\limits_x |v_x| r(x, y) = \sum\limits_x \sum\limits_y |v_x| r(x, y) = \sum\limits_x |v_x|$, 矛盾.

现在假设非零解 v 的分量 $v_x \geqslant 0$, 由 $v_y = \sum\limits_x v_x r(x, y)$ 可知对所有的 y 都有 $v_y > 0$. 这就证明了正解的存在性.

下面证明唯一性. 我们首先证明 $p - I$ 的秩为 $n - 1$.

假设 $p - I$ 的秩 $\leqslant n - 2$, 由线性代数的知识可知 $\pi(p - I) = \mathbf{0}$ 存在两个正交解 v 和 w, 但由上面讨论可知, v 和 w 的分量都为正, 故它们不可能正交, 因

此 $p - I$ 的秩 $\leqslant n - 2$ 的假设不成立.

因此 $p - I$ 的秩为 $n - 1$, $\pi(p - I) = 0$ 的基础解系可表示为 $kv(k \neq 0)$. 但由于解的分量之和必须为 1, 因此 $k = 1$, 从而证明了解的唯一性. ■

定理 3.9 一个 Markov 链存在无穷多个平稳分布的充要条件是至少存在两个以上常返的不可约闭集.

此定理证明省略.

例 3.14 假设有状态空间 $S = \{0, 1, 2, 3, 4, 5, 6\}$ 的 Markov 链, 其一步转移概率矩阵为

	0	1	2	3	4	5	6
0	0.5	0.5	0	0	0	0	0
1	0	2/3	1/3	0	0	0	0
2	1/3	0	2/3	0	0	0	0
3	0	0	0	0.5	0.5	0	0
4	0	0	0	0.5	0.5	0	0
5	0	0	0	0	0	1	0
6	1/7	1/7	1/7	1/7	1/7	1/7	1/7

求该 Markov 链的平稳分布.

解 根据转移概率矩阵可画出状态转移图:

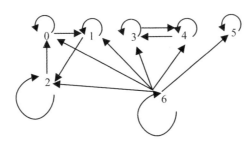

从图中可以看出, $\{0, 1, 2\}$、$\{3, 4\}$、$\{5\}$ 分别构成不可约闭集. 这三个闭集对应的转移概率矩阵分别为

$$p_1 = \begin{pmatrix} 0.5 & 0.5 & 0 \\ 0 & 2/3 & 1/3 \\ 1/3 & 0 & 2/3 \end{pmatrix}, \quad p_2 = \begin{pmatrix} 0.5 & 0.5 \\ 0.5 & 0.5 \end{pmatrix}, \quad p_3 = (1).$$

它们对应的平稳分布为

$$\pi^{(1)} = \left(\frac{2}{8}, \frac{3}{8}, \frac{3}{8} \right), \quad \pi^{(2)} = \left(\frac{1}{2}, \frac{1}{2} \right), \quad \pi^{(3)} = (1).$$

该 Markov 链的平稳分布为 $\pi = \left(\dfrac{2}{8}\lambda_1, \dfrac{3}{8}\lambda_1, \dfrac{3}{8}\lambda_1, \dfrac{1}{2}\lambda_2, \dfrac{1}{2}\lambda_2, \lambda_3, 0 \right)$，其中，$\sum\limits_{i=1}^{3} \lambda_i = 1$，$\lambda_i \geqslant 0$.

3.5　极　限　分　布

如果 y 是一个非常返态，则对任意初始状态 x 都有 $p^n(x, y) \to 0$，这意味着我们可以把注意力集中在常返态上，并根据状态分解定理(定理 3.7)，可以集中在链只包含一个不可约常返集的情形(即转移矩阵不可约).

一个状态的**周期**是 $I_x = \{ n \geqslant 1 : p^n(x, x) > 0 \}$ 的最大公约数.

若所有状态的周期为 1，则称链是**非周期**的.

引理 3.4　若 $p(x, x) > 0$，则 x 的周期为 1.

证明　由于 $p(x, x) > 0$，则 $1 \in I_x$，故 I_x 的最大公约数为 1，即 x 的周期为 1. ■

我们重温之前的例子：

例 3.2　品牌偏好链

	1	2	3
1	0.8	0.1	0.1
2	0.2	0.6	0.2
3	0.3	0.3	0.4

该链对角线元素均大于 0，因此该链是非周期的.

引理 3.5　若 $\rho_{xy} > 0$ 且 $\rho_{yx} > 0$，则 x 和 y 具有相同的周期.

证明　(反证法)假设 x 和 y 具有不同的周期，不妨设 x 的周期为 c，而 y 的周期为 $d < c$. 由于 $\rho_{xy} > 0$ 且 $\rho_{yx} > 0$，令 k 是满足 $p^k(x, y) > 0$ 的数，m 满足

$p^m(y, x) > 0$, 则根据 C-K 方程知: $p^{k+m}(x, x) \geqslant p^k(x, y)p^m(y, x) > 0$. 因此 $k + m \in I_x$, 而 x 的周期为 c, 故 $c \mid k + m$. 设 ℓ 是满足 $p^\ell(y, y) > 0$ 的任意整数, 根据 C-K 方程知: $p^{k+\ell+m}(x, x) \geqslant p^k(x, y)p^\ell(y, y)p^m(y, x) > 0$. 因此 $k + \ell + m \in I_x$, 而 x 的周期为 c, 故 $c \mid k + \ell + m$. 又由于 $c \mid k + m$, 因此 $c \mid \ell$. 由于 $\ell \in I_y$ 且 ℓ 是任意的, 因此 $c \mid d$, 即 $c \leqslant d$, 这与 "$d < c$" 矛盾. ■

定义 3.6 设 $X = \{X_n, n = 0, 1, \cdots\}$ 为齐次马氏链, 若对任意的 $i, j \in S$, 有 $\lim\limits_{n \to \infty} p_{ij}^n = \pi_j$, 且 $\pi_j > 0$, $\sum\limits_{j \in S} \pi_j = 1$, 则 $\{\pi_j, j \in S\}$ 是一概率分布, 称为马氏链的**极限分布**.

例 3.15 设 $X = \{X_n, n \geqslant 0\}$ 是描述天气变化的齐次马氏链. 状态空间为 $S = \{0, 1\}$, 其中 0 和 1 分别表示晴天和雨天. X 的一步转移概率矩阵为

$$P = \begin{pmatrix} 0.7 & 0.3 \\ 0.4 & 0.6 \end{pmatrix},$$

试分析极限分布是否存在? 是否与初始状态有关? 平稳分布是否存在?

解 计算 $P^n = \begin{pmatrix} 0.571 & 0.429 \\ 0.571 & 0.429 \end{pmatrix}$ $(n > 10)$ 可知 $\forall i \in S$, 有 $\lim\limits_{n \to \infty} p_{i0}^n = 0.571$, $\lim\limits_{n \to \infty} p_{i1}^n = 0.429$, 与初始状态无关.

我们计算该马氏链的平稳分布, 可得 $\pi = \left(\dfrac{4}{7}, \dfrac{3}{7}\right) \approx (0.571, 0.429)$.

例 3.16 设 $X = \{X_n, n \geqslant 0\}$ 是齐次马氏链, 状态空间为 $S = \{1, 2\}$. X 的一步转移概率矩阵为

$$P = \begin{pmatrix} 0 & 1 \\ 1 & 0 \end{pmatrix}$$

试分析极限分布是否存在? 平稳分布是否存在?

解 由于 $P^{2n} = \begin{pmatrix} 1 & 0 \\ 0 & 1 \end{pmatrix}$, $P^{2n+1} = \begin{pmatrix} 0 & 1 \\ 1 & 0 \end{pmatrix}$, 因此 $\forall i \in S$, $\lim\limits_{n \to \infty} p_{i1}^n$ 和 $\lim\limits_{n \to \infty} p_{i2}^n$ 不存在, 即该马氏链的极限分布不存在. 可求得平稳分布为 $\pi = \left(\dfrac{1}{2}, \dfrac{1}{2}\right)$.

例 3.15 和例 3.16 说明了极限分布和平稳分布既有联系又有区别, 下面的定理给出了极限分布和平稳分布相等的条件.

定理 3.10 在不可约、非周期且平稳分布存在的条件下, 对于每个常返态 y

均有 $p^n(x, y) \to \pi(y) = \dfrac{1}{\mu_y}$,其中 μ_y 是状态 y 的平均返回时间.

此定理证明省略.

例 3.17 设在任意的一天里,人的情绪是快乐的、一般的和忧郁的,分别记为 0,1,2. 令 X_n 表示某人第 n 天的心情,则 $X = \{X_n, n \geq 0\}$ 是状态空间 $S = \{0, 1, 2\}$ 上的齐次马氏链. X 的一步转移概率矩阵为

$$\boldsymbol{P} = \begin{pmatrix} 0.5 & 0.4 & 0.1 \\ 0.3 & 0.4 & 0.3 \\ 0.2 & 0.3 & 0.5 \end{pmatrix},$$

试分析极限分布是否存在.

解 利用矩阵 $\boldsymbol{P}$ 可求得该马氏链的平稳分布为 $\pi = \left(\dfrac{21}{62}, \dfrac{23}{62}, \dfrac{18}{62}\right)$,又通过分析矩阵 $\boldsymbol{P}$ 可知该马氏链是不可约和非周期的,根据定理 3.10 可知该链的极限分布就是其平稳分布 $\left(\dfrac{21}{62}, \dfrac{23}{62}, \dfrac{18}{62}\right)$.

例 3.18 一台机器有三个关键零件易受损,但只要其中两个零件能运行机器就可以正常工作. 当有两个零件损坏时,它们将被替换,机器在第二天投入正常运转. 以损坏的零件 $\{0, 1, 2, 3, 12, 13, 23\}$ 为它的状态空间,转移矩阵如下:

	0	1	2	3	12	13	23
0	0.93	0.01	0.02	0.04	0	0	0
1	0	0.94	0	0	0.02	0.04	0
2	0	0	0.95	0	0.01	0	0.04
3	0	0	0	0.97	0	0.01	0.02
12	1	0	0	0	0	0	0
13	1	0	0	0	0	0	0
23	1	0	0	0	0	0	0

如果想让这台机器运转 5 年(1800 天),将要分别使用多少个零件 1、零件 2 和零件 3?

解 利用转移矩阵可求得该马氏链的平稳分布为 $\pi(0) = \dfrac{3000}{8910}$, $\pi(1) =$

$\dfrac{500}{8910}$，$\pi(2)=\dfrac{1200}{8910}$，$\pi(3)=\dfrac{4000}{8910}$，$\pi(12)=\dfrac{22}{8910}$，$\pi(13)=\dfrac{60}{8910}$，$\pi(23)=\dfrac{128}{8910}$.

因此，零件 1 平均使用 $1800\times\dfrac{22+60}{8910}=16.57$（个）；

零件 2 平均使用 $1800\times\dfrac{22+128}{8910}=30.30$（个）；

零件 3 平均使用 $1800\times\dfrac{60+128}{8910}=37.98$（个）.

3.6 Markov 链的特殊例子

3.6.1 双随机链

定义 3.7 如果各列之和为 1，则称转移矩阵是**双随机**的. 即双随机链的转移矩阵的行和、列和均为 1.

定理 3.11 一 N 状态的 Markov 链是双随机链当且仅当均匀分布为其平稳分布，即对于任意状态 x，$\pi(x)=\dfrac{1}{N}$.

证明 必要性：

设 $X=\{X_n,\ n\geqslant 0\}$ 是双随机链，状态空间为 $S=\{1,\ 2,\ \cdots,\ N\}$，则该马氏链的转移矩阵列和为 1. 由于 $\sum\limits_{x\in S}\dfrac{1}{N}p(x,\ y)=\dfrac{1}{N}\sum\limits_{x\in S}p(x,\ y)=\dfrac{1}{N}$，因此均匀分布为其平稳分布.

充分性：

由于均匀分布为其平稳分布，因此 $\sum\limits_{x\in S}\dfrac{1}{N}p(x,\ y)=\dfrac{1}{N}\sum\limits_{x\in S}p(x,\ y)=\dfrac{1}{N}$，从而得到 $\sum\limits_{x\in S}p(x,\ y)=1$，即转移矩阵的列和为 1，因此该马氏链为双随机链.

例 3.19 **直线上带反射壁的对称随机游动** 状态空间为 $\{0,\ 1,\ 2,\ \cdots,\ L\}$，该链每一步以 $\dfrac{1}{2}$ 概率向右或向左移动一步. 当该链试图从 0 向左或从 L 向右移动时，它停在原地不动.

我们以 $L = 4$ 为例计算该链的转移矩阵如下：

	0	1	2	3	4
0	0.5	0.5	0	0	0
1	0.5	0	0.5	0	0
2	0	0.5	0	0.5	0
3	0	0	0.5	0	0.5
4	0	0	0	0.5	0.5

显然该转移矩阵的行和与列和均为 1，因此该链为双随机链.

因此，直线上带反射壁的对称随机游动所产生的马氏链是双随机链，其平稳分布为 $\pi(i) = \dfrac{1}{L+1}$，$i = 0, 1, \cdots, L$.

3.6.2　细致平衡条件

定义 3.8　如果概率分布 π 对于任意状态 x 和 $y(x \neq y)$ 满足 $\pi(x)p(x, y) = \pi(y)p(y, x)$，则称 π 满足**细致平衡条件**.

定理 3.12　若 π 满足细致平衡条件，则 π 一定是平稳分布.

证明　由于 π 满足细致平衡条件，则 π 对于任意状态 x 和 y，满足

$$\pi(x)p(x, y) = \pi(y)p(y, x),$$

从而

$$\sum_{x \in S} \pi(x)p(x, y) = \sum_{x \in S} \pi(y)p(y, x) = \pi(y) \sum_{x \in S} p(y, x) = \pi(y),$$

故 π 是平稳分布. ■

值得注意的是，该定理的逆命题并不成立，即平稳分布并不一定满足细致平衡条件. 反例如下：

例 3.20　若 Markov 链的转移矩阵如下：

	1	2	3
1	0.5	0.5	0
2	0.3	0.1	0.6
3	0.2	0.4	0.4

此链是双随机链，故平稳分布为 $\left(\dfrac{1}{3}, \dfrac{1}{3}, \dfrac{1}{3}\right)$. 但此平稳分布不满足细致

平衡条件，例如：

$$\frac{1}{3} \times 0 = \pi(1)p(1, 3) \neq \pi(3)p(3, 1) = \frac{1}{3} \times 0.2.$$

通过以上定理和例题，我们可以看出平稳分布是对马氏链达到动态平衡的宏观刻画，细致平衡条件是对马氏链达到动态平衡的微观刻画，即要求每个状态的流入和流出必须相等.

例 3.21 生灭链 由以下性质定义：它的状态空间为某整数序列 ℓ，$\ell +1$，$\cdots$，$r-1$，r，并且一步转移不可能超过1，即当 $|x-y| > 1$ 时，$p(x, y) = 0$.假设转移概率满足：

$$当 x < r 时，p(x, x+1) = p_x,$$
$$当 x > \ell 时，p(x, x-1) = q_x,$$
$$当 \ell \leq x \leq r 时，p(x, x) = 1 - p_x - q_x,$$
$$其他情形下，p(x, y) = 0.$$

我们以 $\ell = 0$，$r = 4$ 为例计算该链的转移矩阵如下：

	0	1	2	3	4
0	$1 - p_0$	p_0	0	0	0
1	q_1	$1 - p_1 - q_1$	p_1	0	0
2	0	q_2	$1 - p_2 - q_2$	p_2	0
3	0	0	q_3	$1 - p_3 - q_3$	p_3
4	0	0	0	q_4	$1 - q_4$

由细致平衡条件，$\pi(x)p(x, x+1) = \pi(x+1)p(x+1, x)$，即 $\pi(x)p_x = \pi(x+1)q_{x+1}$，从而 $\pi(x+1) = \frac{p_x}{q_{x+1}}\pi(x)$. 因此，$\pi(\ell+1) = \frac{p_\ell}{q_{\ell+1}}\pi(\ell)$，

$$\pi(\ell+2) = \frac{p_{\ell+1}}{q_{\ell+2}}\pi(\ell+1) = \frac{p_{\ell+1}}{q_{\ell+2}} \cdot \frac{p_\ell}{q_{\ell+1}}\pi(\ell),$$

$$\pi(\ell+i) = \frac{p_{\ell+i-1} \cdot p_{\ell+i-2}\cdots p_{\ell+1} \cdot p_\ell}{q_{\ell+i} \cdot q_{\ell+i-1}\cdots q_{\ell+2} \cdot q_{\ell+1}}\pi(\ell).$$

例 3.22 假设一个办公室中有 3 台机器，每台机器每天损坏的可能性都为 0.1，但是当办公室至少有 1 台机器损坏时，维修工以 0.5 的概率可以修好其中的一台机器，该机器第二天可以使用. 假设我们忽略两台机器同一天损坏的可能

性，则可以用生灭链来描述正常运转的机器数，转移矩阵为：

$$
\begin{array}{cccc}
& 0 & 1 & 2 & 3 \\
0 & 0.5 & 0.5 & 0 & 0 \\
1 & 0.05 & 0.5 & 0.45 & 0 \\
2 & 0 & 0.1 & 0.5 & 0.4 \\
3 & 0 & 0 & 0.3 & 0.7
\end{array}
$$

令 $\pi(0)=c$，则

$$
\pi(1)=\frac{p_0}{q_1}\pi(0)=\frac{0.5}{0.05}c=10c,
$$

$$
\pi(2)=\frac{p_1}{q_2}\pi(1)=\frac{0.45}{0.1}10c=45c,
$$

$$
\pi(3)=\frac{p_2}{q_3}\pi(2)=\frac{0.4}{0.3}45c=60c.
$$

利用 $\sum_{i=0}^{3}\pi(i)=1$，解得 $c=\dfrac{1}{116}$，从而求得满足细致平衡条件的平稳分布为 $\left(\dfrac{1}{116},\dfrac{10}{116},\dfrac{45}{116},\dfrac{60}{116}\right)$.

3.6.3　可逆性

令 $p(i,j)$ 为转移概率，其平稳分布为 $\pi(i)$. X_n 是从平稳分布开始的 Markov 链，即 $P(X_0=i)=\pi(i)$. 下面我们要证明：如果我们逆向观察 X_m，$0\leqslant m\leqslant n$，则它也是一个 Markov 链.

定理 3.13　固定 n 且令 $Y_m=X_{n-m}$，$0\leqslant m\leqslant n$，则 Y_m 是一个 Markov 链，转移概率为

$$
\hat{p}(i,j)=P(Y_{m+1}=j\mid Y_m=i)=\frac{\pi(j)p(j,i)}{\pi(i)}.
$$

证明　先证 Y_m 具有 Markov 性.

$$
P(Y_{m+1}=j\mid Y_m=i,Y_{m-1}=i_{m-1},\cdots,Y_0=i_0)
$$

$$
=\frac{P(Y_{m+1}=j,Y_m=i,Y_{m-1}=i_{m-1},\cdots,Y_0=i_0)}{P(Y_m=i,Y_{m-1}=i_{m-1},\cdots,Y_0=i_0)}
$$

$$= \frac{P(X_{n-m-1}=j,\ X_{n-m}=i,\ X_{n-m+1}=i_{m-1},\ \cdots,\ X_n=i_0)}{P(X_{n-m}=i,\ X_{n-m+1}=i_{m-1},\ \cdots,\ X_n=i_0)}$$

$$= \frac{P(X_{n-m-1}=j,\ X_{n-m}=i)P(X_{n-m+1}=i_{m-1},\ \cdots,\ X_n=i_0\mid X_{n-m}=i,\ X_{n-m-1}=j)}{P(X_{n-m}=i)P(X_{n-m+1}=i_{m-1},\ \cdots,\ X_n=i_0\mid X_{n-m}=i)}$$

$$= \frac{P(X_{n-m-1}=j,\ X_{n-m}=i)}{P(X_{n-m}=i)} = \frac{P(Y_{m+1}=j,\ Y_m=i)}{P(Y_m=i)} = P(Y_{m+1}=j\mid Y_m=i),$$

故 Y_m 是一个 Markov 链.

$$\hat{p}(i,\ j) = P(Y_{m+1}=j\mid Y_m=i) = \frac{P(Y_{m+1}=j,\ Y_m=i)}{P(Y_m=i)}$$

$$= \frac{P(X_{n-m-1}=j,\ X_{n-m}=i)}{P(X_{n-m}=i)}$$

$$= \frac{P(X_{n-m-1}=j)P(X_{n-m}=i\mid X_{n-m-1}=j)}{P(X_{n-m}=i)}$$

$$= \frac{\pi(j)p(j,\ i)}{\pi(i)}.$$

我们称 $\hat{p}(i,\ j)$ 为对偶概率, 易知当平稳分布满足细致平衡条件时, $\hat{p}(i,\ j)$ $= p(i,\ j)$, 即正向链和逆向链的转移概率相同.

定理 3.14 正向链和逆向链具有相同的平稳分布.

证明 设正向链的平稳分布为 π, 则

$$\sum_{i\in S}\pi(i)\hat{p}(i,\ j) = \sum_{i\in S}\pi(i)\frac{\pi(j)p(j,\ i)}{\pi(i)}$$

$$= \sum_{i\in S}\pi(j)p(j,\ i) = \pi(j)\sum_{i\in S}p(j,\ i) = \pi(j),$$

因此 π 也是反向链的平稳分布.

定义 3.9 如果正向链和逆向链具有相等的转移概率(即满足细致平衡条件), 则马氏链称为可逆的.

定理 3.15 如果能找到一组和为1的正数 $\{\pi_j\}$, 且满足细致平衡条件, 则该马氏链是可逆的且以 $\{\pi_j\}$ 为平稳分布.

此定理证明省略.

定理 3.16 对转移概率为 P_{ij} 的不可约马氏链, 若存在一组和为1的正数 $\{\pi_j\}$ 与一组转移概率 Q_{ij}, 且满足 $\pi_i P_{ij} = \pi_j Q_{ji}$, 则 Q_{ij} 是逆向链的转移概率且

$\{\pi_j\}$ 是正向链和逆向链共同的平稳分布.

此定理证明省略.

3.7　Markov 链的离出分布

引例　在一所两年制大学里, 60% 的大学一年级学生可以升到大学二年级, 25% 的仍为大学一年级学生, 15% 的退学. 70% 的大学二年级学生毕业且转入一个四年制大学, 20% 的仍为大学二年级学生, 10% 的退学. 那么新生最终毕业的比例是多少?

解　用一个 Markov 链描述此问题, 状态空间为 1 = 一年级学生, 2 = 二年级学生, G = 毕业, D = 退学. 转移概率为

	1	2	G	D
1	0.25	0.6	0	0.15
2	0	0.2	0.7	0.1
G	0	0	1	0
D	0	0	0	1

用 $h(x)$ 表示现在状态是 x 的学生最终毕业的概率, 则 $h(G) = 1$, $h(D) = 0$, 且可得如下方程组:

$$\begin{cases} h(1) = 0.25h(1) + 0.6h(2), \\ h(2) = 0.2h(2) + 0.7. \end{cases}$$

$$解得 \begin{cases} h(1) = 0.7, \\ h(2) = \dfrac{7}{8}. \end{cases}$$

因此新生最终毕业的比例是 70%.

上述引例的结果可归纳总结为以下定理:

定理 3.17　考虑一个有限状态空间 S 上的 Markov 链. 令 a 和 b 是 S 中的两个状态, $C = S - \{a, b\}$. 假设 $h(a) = 1$, $h(b) = 0$, 并且对于 $x \in C$, 有 $h(x) = \sum_y p(x, y)h(y)$. 如果对于所有的 $x \in C$, 都有 $P_x(V_a \wedge V_b < \infty) > 0$, 那么 $h(x) = P_x(V_a < V_b)$. (这里 V_a 表示首次到达状态 a 的时刻)

此定理证明省略.

前面的引例中, 平均来看一个学生到毕业或退学需要花费几年时间?

解　用 $g(x)$ 表示始于状态 x 的学生到毕业或退学的时间的期望, 则 $g(G) = g(D) = 0$, 且可得如下方程组:

$$\begin{cases} g(1) = 1 + 0.25g(1) + 0.6g(2), \\ g(2) = 1 + 0.2g(2). \end{cases}$$

注意　由于一旦进入大一或大二, 就必然要在这个状态中停留一年, 因此此处方程中必须加上 1.

解上述方程组, 得 $\begin{cases} g(1) = \dfrac{7}{3}, \\ g(2) = \dfrac{5}{4}. \end{cases}$

因此, 新生最终毕业或退学的时间的期望是 $\dfrac{7}{3}$ 年, 大二学生最终毕业或退学的时间的期望是 $\dfrac{5}{4}$ 年.

上述引例的结果可归纳总结为以下定理:

定理 3.18　考虑一个有限状态空间 S 上的 Markov 链. 令 $A \subset S$, $V_A = \inf\{n \geq 0: X_n \in A\}$. 假设 $C = S - A$ 是有限的, 并对任意 $x \in C$, 有 $P_x(V_a < \infty) > 0$. 假设对所有 $a \in A$, 有 $g(a) = 0$, 且对 $x \in C$, 有 $g(x) = 1 + \sum_y p(x, y)g(y)$, 则 $g(x) = E_x(V_A)$.

此定理证明省略.

3.8　习　　题

1. 重复地抛掷一枚均匀的硬币, 抛掷结果为 Y_0, Y_1, Y_2, $\cdots$, 它们取值为 0 或 1 的概率均为 $\dfrac{1}{2}$. 用 $X_n = Y_n + Y_{n-1}$ $(n \geq 1)$ 表示第 $n-1$ 次和第 n 次抛掷出的结果中 1 的个数. X_n 是一个 Markov 链吗?

2. 五个白球和五个黑球分散在两个罐子中，其中每个罐子中都有五个球．每一次我们从两个罐子中都随机抽取一个球并交换它们．用 X_n 表示在时刻 n 左边罐子中白球的个数．计算 X_n 的转移概率．

3. 重复掷两枚骰子，其中骰子均为四面，四面上的数字分别为 1，2，3，4．令 Y_k 表示第 k 次投掷出的数字之和，$S_n = Y_1 + \cdots + Y_n$ 表示前 n 次投掷出的数字之和，$X_n = S_n(\mathrm{mod}6)$．求解 X_n 的转移概率．

4. 一个出租车司机在机场 A 和宾馆 B、宾馆 C 之间按照如下方式行车：如果他在机场，那么下一时刻他将以等概率到达两个宾馆中的任意一个；如果他在其中一个宾馆，那么下一时刻他以概率 $\frac{3}{4}$ 返回到机场，以概率 $\frac{1}{4}$ 开往另一个宾馆．

（1）求该链的转移矩阵；

（2）假设在时刻 0 时司机在机场，分别求出在时刻 2 时司机在这 3 个可能地点的概率以及在时刻 3 时他在宾馆 B 的概率．

5. 若昨日、前日都无雨，则今天将下雨的概率为 0.3；若昨日、前日中至少有一天下雨，则今天将下雨的概率为 0.6．用 W_n 表示第 n 天的天气，或者是 R = 雨天，或者是 S = 晴天．尽管 W_n 不是一个 Markov 链，但是最近两日的天气状况 $X_n = (W_{n-1}, W_n)$ 是一个 Markov 链，并且其四个状态是 $\{RR, RS, SR, SS\}$．

（1）计算该链的转移概率；

（2）计算两步转移概率；

（3）当给定周日和周一无雨的条件下，周三下雨的概率是多少？

6. 考虑如下两个转移矩阵，确定这些 Markov 链中的非常返态、常返态和不可约闭集，并给出理由．

(1)	1	2	3	4	5		(2)	1	2	3	4	5
1	0	0	0	0	1		1	0.8	0	0	0.2	0
2	0	0.2	0	0.8	0		2	0	0.5	0	0	0.5
3	0.1	0.2	0.3	0.4	0		3	0	0	0.3	0.4	0.3
4	0	0.6	0	0.4	0		4	0.1	0	0	0.9	0
5	0.3	0	0	0	0.7		5	0	0.2	0	0	0.8

7. 在公路上每四辆卡车中有三辆卡车后面是一辆小汽车，而每五辆小汽车中仅一辆后面是一辆卡车．请问在公路上的交通工具为卡车的比例是多少？

8. 一位教授的车库里有两盏照明灯. 当两盏灯都烧坏时将更换它们, 确保第二天两盏灯可正常照明. 假设当它们都可照明, 两盏中的一盏烧坏的概率是 0.02(每盏烧坏的概率都是 0.01 且我们忽略两盏灯同一天烧坏的可能性). 然而, 当车库只有一盏灯时, 它烧坏的概率是 0.05.

(1) 从长远看, 车库仅有一盏灯工作的时间所占的比例是多少?

(2) 两次替换之间的时间间隔的期望值是多少?

9. 某人有 3 把伞, 一些放在她的办公室, 另一些放在家里. 如果她早上从家出发上班(或者晚上下班) 时下雨, 并且在出发地有一把伞的话, 那么她将带一把雨伞. 否则, 她将淋湿. 假设是否下雨与过去独立, 每次出发时下雨的概率都是 0.2, 用一个 Markov 链描述此问题, 令 X_n 表示她现在所处位置的伞的数量.

(1) 求此 Markov 链的转移概率;

(2) 计算她淋湿所占比例的极限.

10. 在一家全国性的旅游代理机构, 新雇佣的员工被列为初学者(B). 每六个月评估一次每一位代理人的表现. 过去的记录表明员工级别根据如下 Markov 链转移到中级(I) 和合格(Q), 其中 F 代表员工被解雇:

	B	I	Q	F
B	0.45	0.4	0	0.15
I	0	0.6	0.3	0.1
Q	0	0	1	0
F	0	0	0	1

(1) 初学者最终合格的比例是多少?

(2) 从一个初学者直到被解雇或者变为合格所需要的时间期望是多少?

11. 在一家制造厂里, 员工分为实习生(R), 技术人员(T) 或管理者(S). 记 Q 为辞职的员工, 我们用一个 Markov 链来描述他们在这些级别上的变化, 其转移概率是

	R	T	S	Q
R	0.2	0.6	0	0.2
T	0	0.55	0.15	0.3
S	0	0	1	0
Q	0	0	0	1

（1）实习生最终变为管理者的比例是多少？

（2）从实习生到最终辞职或者升为管理者所需要的时间期望是多少？

第4章 连续时间 Markov 链

4.1 连续时间 Markov 链的定义

第 3 章我们考虑了离散时间 Markov 链 X_n, 即时间下标 n 是离散的, $n = 0$, 1, 2, $\cdots$. 本章我们将把这一概念扩展到连续时间参数 $t \geqslant 0$ 的情形, 这种设定对于一些实际问题应用更方便.

定义 4.1 如果对任意的 $0 \leqslant s_0 < s_1 < \cdots < s_n < s$ 和可能的状态 i_0, $\cdots$, i_n, i, j 都有

$$P(X_{t+s} = j \mid X_s = i,\ X_{s_n} = i_n,\ \cdots,\ X_{s_0} = i_0) = P(X_{t+s} = j \mid X_s = i)$$
$$= P(X_t = j \mid X_0 = i) = p_t(i,\ j),$$

称 X_t, $t \geqslant 0$ 是一个**连续时间 Markov 链**.

简言之, 就是给定当前状态时, 其余过去的状态对于将来状态的预测都是无关的, 从状态 i 到状态 j 的概率仅依赖于时间间隔 t. 如下图所示.

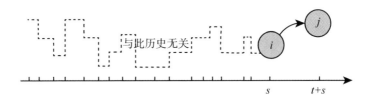

例 4.1 令 $N(t)$, $t \geqslant 0$ 表示速率为 λ 的 Poisson 过程, Y_n 表示一个转移概率为 $u(i,\ j)$ 的离散时间 Markov 链, 则 $X_t = Y_{N(t)}$ 是一个连续时间 Markov 链.

解 X_t 在 $N(t)$ 的每一个到达时刻根据 $u(i,\ j)$ 转移一步, 且

$$p_t(i,\ j) = P(X_t = j \mid X_0 = i) = P(Y_{N(t)} = j \mid Y_{N(0)} = i)$$

$$= \sum_{n=0}^{\infty} P(Y_n = j \mid Y_0 = i) P(N(t) = n)$$

$$= \sum_{n=0}^{\infty} u^n(i, j) \frac{(\lambda t)^n e^{-\lambda t}}{n!}.$$

故 $X_t = Y_{N(t)}$ 是一个连续时间 Markov 链.

下面我们考虑这样一个问题:

假设在某时刻, 比如说时刻 0, Markov 链进入状态 i, 且在接下来的 s 个单位时间中过程未离开状态 i (即未发生转移), 问在随后的 t 个单位时间中过程仍不离开状态 i 的概率是多少?

由于 $\quad P\{\tau_i > s + t \mid \tau_i > s\}$

$= P\{X(u) = i,\ 0 < u \leqslant s,\ X(v) = i,\ s < v \leqslant s + t \mid X(u) = i,$

$\quad 0 \leqslant u \leqslant s\}$

$= P\{X(v) = i,\ s < v \leqslant s + t \mid X(u) = i,\ 0 \leqslant u \leqslant s\}$ (条件概率)

$= P\{X(v) = i,\ s < v \leqslant s + t \mid X(s) = i\}$ (Markov 性)

$= P\{X(v) = i,\ 0 < v \leqslant t \mid X(0) = i\}$ (齐次性)

$= P\{\tau_i > t\},$

因此连续时间 Markov 链处于状态 i 的时间服从指数分布.

通过以上分析, 我们发现连续时间 Markov 链具有如下性质:

(1) 在转移到另一状态之前处于状态 i 的时间服从参数为 λ_i 的指数分布;

(2) 当过程离开状态 i 时, 以转移概率 $p_t(i, j)$ 进入状态 j, 且 $\sum_{j \in I} p_t(i, j) = 1$.

以上性质也给出了构造连续时间 Markov 链的思想方法, 后面我们会详细介绍如何具体构造连续时间 Markov 链.

定理 4.1 (Chapman-Kolmogorov 方程) $\quad p_{s+t}(i, j) = \sum_k p_s(i, k) p_t(k, j)$.

证明 $\quad p_{s+t}(i, j) = P(X_{s+t} = j \mid X_0 = i) = \sum_k P(X_{s+t} = j,\ X_s = k \mid X_0 = i)$

$$= \sum_k \frac{P(X_{s+t} = j,\ X_s = k,\ X_0 = i)}{P(X_0 = i)}$$

$$= \sum_k \frac{P(X_{s+t} = j,\ X_s = k,\ X_0 = i)}{P(X_s = k,\ X_0 = i)} \cdot \frac{P(X_s = k,\ X_0 = i)}{P(X_0 = i)}$$

$$= \sum_k P(X_{s+t} = j \mid X_s = k, \ X_0 = i) P(X_s = k \mid X_0 = i)$$

$$= \sum_k P(X_{s+t} = j \mid X_s = k) P(X_s = k \mid X_0 = i)$$

$$= \sum_k p_s(i, \ k) p_t(k, \ j).$$

对于转移概率，我们一般还假定它满足**正则性条件**：

$$\lim_{t \to 0} p_t(i, \ j) = \begin{cases} 1, & i = j, \\ 0, & i \neq j. \end{cases}$$

正则性条件意味着过程刚进入某状态不可能立即又跳入另一状态.

我们为什么可以假定正则性条件呢？事实上，我们可以利用物理中的"能量守恒定律"进行说明. 因为一个物理系统要在有限时间内发生无限多次跳跃从而消耗无穷多的能量是不可能的.

下面我们将离散时间 Markov 链和连续时间 Markov 链的主要性质列表进行对比：

	正则性	分布律	C-K 方程
离散 时间	$p^0(i, \ i) = 1$ $p^0(i, \ j) = 0, \ i \neq j$	$p^n(i, \ j) \geqslant 0$ $\sum_{j \in I} p^n(i, \ j) = 1$	$p^{m+n}(i, \ j) = \sum_{k \in I} p^m(i, \ k) p^n(k, \ j)$
连续 时间	$\lim_{t \to 0} p_t(i, \ j) = \begin{cases} 1, \ i = j \\ 0, \ i \neq j \end{cases}$	$p_t(i, \ j) \geqslant 0$ $\sum_{j \in I} p_t(i, \ j) = 1$	$p_{s+t}(i, \ j) = \sum_{k \in I} p_s(i, \ k) p_t(k, \ j)$

定义 4.2　$q(i, \ j) = \lim\limits_{t \to 0} \dfrac{p_t(i, \ j)}{t} (i \neq j)$ 称为从状态 i 到 j 的**转移速率**或**跳跃强度**.

例 4.2　证明 Poisson 过程 $\{N(t), \ t \geqslant 0\}$ 是连续时间 Markov 链.

证明　先证 Poisson 过程具有 Markov 性.

$\forall 0 < t_1 < t_2 < \cdots < t_n < t_{n+1}$，有

$P\{N(t_{n+1}) = i_{n+1} \mid N(t_n) = i_n, \ \cdots, \ N(t_1) = i_1\}$

$= P\{N(t_{n+1}) - N(t_n) = i_{n+1} - i_n \mid N(t_n) - N(t_{n-1}) = i_n - i_{n-1}, \ \cdots, \ N(t_1) - N(0) = i_1\}$

$$= P\{N(t_{n+1}) - N(t_n) = i_{n+1} - i_n\},$$

$$P\{N(t_{n+1}) = i_{n+1} \mid N(t_n) = i_n\}$$

$$= P\{N(t_{n+1}) - N(t_n) = i_{n+1} - i_n \mid N(t_n) - N(0) = i_n\}$$

$$= P\{N(t_{n+1}) - N(t_n) = i_{n+1} - i_n\}.$$

故 $P\{N(t_{n+1}) = i_{n+1} \mid N(t_n) = i_n, \cdots, N(t_1) = i_1\} = P\{N(t_{n+1}) = i_{n+1} \mid N(t_n) = i_n\}$，从而 Markov 性成立.

再证齐次性.

当 $j \geqslant i$ 时，有

$$P\{N(s + t) = j \mid N(s) = i\} = P\{N(s + t) - N(s) = j - i \mid N(s) = i\}$$

$$= P\{N(s + t) - N(s) = j - i\}$$

$$= \frac{(\lambda t)^{j-i}}{(j - i)!} e^{-\lambda t} = p_t(i, j).$$

当 $j < i$ 时，$p_t(i, j) = 0$.

从而 Poisson 过程具有齐次性.

因此 Poisson 过程 $\{N(t), t \geqslant 0\}$ 是连续时间 Markov 链.

下面我们计算 Poisson 过程的转移速率.

$$q(n, n + 1) = \lim_{t \to 0} \frac{p_t(n, n + 1)}{t} = \lim_{t \to 0} \frac{\frac{(\lambda t)^{n+1-n}}{(n + 1 - n)!} e^{-\lambda t}}{t} = \lambda,$$

$$q(n, n + k) = \lim_{t \to 0} \frac{p_t(n, n + k)}{t} = \lim_{t \to 0} \frac{\frac{(\lambda t)^{n+k-n}}{(n + k - n)!} e^{-\lambda t}}{t} = 0 (k \geqslant 2).$$

例 4.3　$M/M/s$ 排队系统　一家银行有 s 个柜员，若所有柜员都在工作中，则顾客排成一队等待. 假定顾客按照速率为 λ 的 Poisson 过程到达，且每个顾客的服务时间相互独立，服从速率为 μ 的指数分布. 问：$q(n, n + 1) = ?$　$q(n, n - 1) = ?$

解　根据 Poisson 过程的转移速率计算结果知：$q(n, n + 1) = \lambda$.

另外，

$$q(n, n - 1) = \begin{cases} n\mu, & 0 \leqslant n \leqslant s, \\ s\mu, & n > s. \end{cases}$$

最后，我们研究给定转移速率的情况下，如何构造连续时间 Markov 链.

令 $\lambda_i = \sum_{j \neq i} q(i, j)\,(0 < \lambda_i < \infty)$ 表示 X_t 离开 i 的速率，$r(i, j) = \dfrac{q(i, j)}{\lambda_i}$ 表示链离开 i 到达 j 的概率，Y_n 表示一个转移概率为 $r(i, j)$ 的离散时间 Markov 链.

在时刻 0，过程在状态 Y_0，在该状态停留的时间 t_1 服从 $E(\lambda(Y_0))$；

在时刻 $T_1 = t_1$，过程跳到状态 Y_1，在该状态停留的时间 t_2 服从 $E(\lambda(Y_1))$；

在时刻 $T_1 = t_1 + t_2$，过程跳到状态 Y_2，在该状态停留的时间 t_3 服从 $E(\lambda(Y_2))$；

$\vdots$

在时刻 $T_{n+1} = t_1 + \cdots + t_{n+1}$，过程跳到状态 Y_{n+1}，$\cdots$

令 $X_t = Y_n$，$T_n \leqslant t < T_{n+1}$，即构造出一个连续时间 Markov 链.

4.2 连续时间 Markov 链转移概率的计算

上一节我们实现了给定转移速率来构造连续时间 Markov 链. 我们自然会考虑这样一个问题：如何根据转移速率计算转移概率呢？在回答该问题之前，我们需要先给出强度矩阵的定义.

定义 4.3 强度矩阵 $Q(i, j) = \begin{cases} q(i, j), & j \neq i, \\ -\lambda_i, & j = i. \end{cases}$ 其中，$\lambda_i = \sum_{j \neq i} q(i, j)$.

强度矩阵也简称为 Q 矩阵，该矩阵的特点是行和为 0，对角线元素为负数.

例 4.4 求 Poisson 过程的 Q 矩阵.

解 由于 Poisson 过程的转移速率为 $q(n, n+1) = \lambda$，其余情况均为 0，因此 Poisson 过程的 Q 矩阵是

$$\begin{pmatrix} -\lambda & \lambda & 0 & 0 & \cdots & 0 \\ 0 & -\lambda & \lambda & \ddots & \ddots & \vdots \\ \vdots & \ddots & \ddots & \ddots & \ddots & 0 \\ \vdots & & \ddots & -\lambda & \lambda & 0 \\ 0 & 0 & 0 & 0 & -\lambda & \lambda \\ \vdots & \vdots & \vdots & \cdots & \ddots & \ddots \end{pmatrix}.$$

定理 4.2(Kolmogorov 微分方程) $p_t' = Q p_t = p_t Q.$

证明　$p_t'(i, j) = \lim\limits_{h \to 0} \dfrac{p_{t+h}(i, j) - p_t(i, j)}{h}$,

$$p_{t+h}(i, j) - p_t(i, j) = \sum_k p_h(i, k)p_t(k, j) - p_t(i, j)$$

$$= \sum_{k \neq i} p_h(i, k)p_t(k, j) + p_h(i, i)p_t(i, j) - p_t(i, j)$$

$$= \sum_{k \neq i} p_h(i, k)p_t(k, j) + [p_h(i, i) - 1]p_t(i, j),$$

$$p_t'(i, j) = \lim_{h \to 0} \frac{p_{t+h}(i, j) - p_t(i, j)}{h}$$

$$= \lim_{h \to 0} \frac{\sum\limits_{k \neq i} p_h(i, k)p_t(k, j) + [p_h(i, i) - 1]p_t(i, j)}{h}$$

$$= \lim_{h \to 0} \frac{\sum\limits_{k \neq i} p_h(i, k)p_t(k, j)}{h} + p_t(i, j) \lim_{h \to 0} \frac{p_h(i, i) - 1}{h}$$

$$= \lim_{h \to 0} \sum_{k \neq i} \frac{p_h(i, k)}{h} p_t(k, j) - p_t(i, j) \lim_{h \to 0} \frac{1 - p_h(i, i)}{h}$$

$$= \sum_{k \neq i} \lim_{h \to 0} \frac{p_h(i, k)}{h} p_t(k, j) - p_t(i, j) \lim_{h \to 0} \frac{\sum\limits_{k \neq i} p_h(i, k)}{h}$$

$$= \sum_{k \neq i} q(i, k)p_t(k, j) - p_t(i, j) \lim_{h \to 0} \sum_{k \neq i} \frac{p_h(i, k)}{h}$$

$$= \sum_{k \neq i} q(i, k)p_t(k, j) - p_t(i, j) \sum_{k \neq i} \lim_{h \to 0} \frac{p_h(i, k)}{h}$$

$$= \sum_{k \neq i} q(i, k)p_t(k, j) - p_t(i, j) \sum_{k \neq i} q(i, k)$$

$$= \sum_{k \neq i} q(i, k)p_t(k, j) - p_t(i, j)\lambda_i$$

$$= \boldsymbol{Q}p_t(i, j),$$

因此 $p_t' = \boldsymbol{Q}p_t$，这个方程也被称为 **Kolmogorov 向后方程**.

又由于

$$p_{t+h}(i, j) - p_t(i, j) = \sum_k p_t(i, k)p_h(k, j) - p_t(i, j)$$

$$= \sum_{k \neq j} p_t(i, k)p_h(k, j) + p_t(i, j)p_h(j, j) - p_t(i, j)$$

$$= \sum_{k \neq i} p_t(i, k) p_h(k, j) + [p_h(j, j) - 1] p_t(i, j),$$

重复上述计算过程, 可以得到 $p'_t(i, j) = p_t \boldsymbol{Q}(i, j)$.

因此 $p'_t = p_t \boldsymbol{Q}$, 这个方程也被称为 **Kolmogorov 向前方程**.

故 $p'_t = \boldsymbol{Q} p_t = p_t \boldsymbol{Q}$. ■

Kolmogorov 微分方程很简洁, 但大家很自然地会考虑: 这个微分方程有解吗?

我们以 Kolmogorov 向后方程 $p'_t = \boldsymbol{Q} p_t$ 为例来回答这个问题.

首先我们可以看出, 若 $\boldsymbol{Q}$ 是一个数, 则 $p_t = e^{\boldsymbol{Q} t}$ 是此微分方程的解.

定义矩阵 $e^{\boldsymbol{Q} t} = \sum_{n=0}^{+\infty} \frac{(\boldsymbol{Q} t)^n}{n!}$, 则

$$\frac{\mathrm{d}}{\mathrm{d} t} e^{\boldsymbol{Q} t} = \frac{\mathrm{d}}{\mathrm{d} t} \sum_{n=0}^{+\infty} \frac{(\boldsymbol{Q} t)^n}{n!} = \sum_{n=0}^{+\infty} \frac{\mathrm{d}}{\mathrm{d} t} \frac{(\boldsymbol{Q} t)^n}{n!} = \sum_{n=0}^{+\infty} \frac{n (\boldsymbol{Q} t)^{n-1} \boldsymbol{Q}}{n!}$$

$$= \boldsymbol{Q} \sum_{n=1}^{+\infty} \frac{(\boldsymbol{Q} t)^{n-1}}{(n-1)!} = \boldsymbol{Q} e^{\boldsymbol{Q} t}.$$

因此矩阵 $e^{\boldsymbol{Q} t}$ 是 Kolmogorov 向后方程的解.

又由于 $\boldsymbol{Q} e^{\boldsymbol{Q} t} = \boldsymbol{Q} \sum_{n=0}^{+\infty} \frac{(\boldsymbol{Q} t)^n}{n!} = \sum_{n=0}^{+\infty} \boldsymbol{Q} \frac{(\boldsymbol{Q} t)^n}{n!} = \sum_{n=0}^{+\infty} \boldsymbol{Q} \frac{(t \boldsymbol{Q})^n}{n!}$

$$= \sum_{n=0}^{+\infty} \frac{(\boldsymbol{Q} t)^n}{n!} \boldsymbol{Q} = \left(\sum_{n=0}^{+\infty} \frac{(\boldsymbol{Q} t)^n}{n!} \right) \boldsymbol{Q} = e^{\boldsymbol{Q} t} \boldsymbol{Q},$$

故矩阵 $\boldsymbol{Q}$ 与 $e^{\boldsymbol{Q} t}$ 是可交换的, 因此矩阵 $e^{\boldsymbol{Q} t}$ 是 Kolmogorov 微分方程的解.

值得注意的是, 此解只是理论上的, 通常不具有操作性!

Kolmogorov 微分方程给出了根据转移速率计算转移概率的方法, 下面我们通过具体实例来验证 Kolmogorov 微分方程的正确性.

例 4.5　Poisson 过程　令 $X(t)$ 表示在一个速率为 λ 的 Poisson 过程中, 直到时刻 t 为止的到达数. 假设时刻 s 有 i 个到达, 时刻 $t + s$ 有 $j (j \geqslant i)$ 个到达, 则在 t 个单位时间有 $j - i$ 个到达.

在例 4.2 中我们计算得到 $p_t(i, j) = \frac{(\lambda t)^{j-i}}{(j-i)!} e^{-\lambda t}$, 下面利用 Kolmogorov 向后方程得到该结果的部分值.

利用 $p'_t(i, j) = \boldsymbol{Q} p_t(i, j)$, $\boldsymbol{Q}$ 的第 i 行只有两个非零元素: $q(i, i) = -\lambda$ 和

$q(i,\ i+1)=\lambda$，有 $p_t'(i,\ j)=-\lambda p_t(i,\ j)+\lambda p_t(i+1,\ j)$.

根据 Poisson 过程的定义知，当 $j<i$ 时，$p_t(i,\ j)=0$.

因此，当 $j=i$ 时，$p_t'(i,\ i)=-\lambda p_t(i,\ i)$，解得：$p_t(i,\ i)=\mathrm{e}^{-\lambda t}$.

当 $j=i+1$ 时，$p_t'(i,\ i+1)=-\lambda p_t(i,\ i+1)+\lambda p_t(i+1,\ i+1)$，利用 $p_t(i,\ i)=\mathrm{e}^{-\lambda t}$ 得：

$$p_t'(i,\ i+1)=-\lambda p_t(i,\ i+1)+\lambda\mathrm{e}^{-\lambda t}.$$

利用一阶线性微分方程知识，解得：$p_t(i,\ i+1)=\lambda t\mathrm{e}^{-\lambda t}$.

这样我们就利用 Kolmogorov 向后方程得到了 $p_t(i,\ j)=\dfrac{(\lambda t)^{j-i}}{(j-i)!}\mathrm{e}^{-\lambda t}$ 的部分值.

例 4.6　两状态链　假设状态空间是 $\{1,\ 2\}$ 且仅有两个转移速率 $q(1,\ 2)=\lambda$，$q(2,\ 1)=\mu$，求该链的转移概率.

解　先写出该链的 Q 矩阵：$Q=\begin{pmatrix}-\lambda & \lambda \\ \mu & -\mu\end{pmatrix}$.

再利用 Kolmogorov 向后方程得：

$$\begin{pmatrix}p_t'(1,\ 1) & p_t'(1,\ 2) \\ p_t'(2,\ 1) & p_t'(2,\ 2)\end{pmatrix}=\begin{pmatrix}-\lambda & \lambda \\ \mu & -\mu\end{pmatrix}\begin{pmatrix}p_t(1,\ 1) & p_t(1,\ 2) \\ p_t(2,\ 1) & p_t(2,\ 2)\end{pmatrix},$$

$$p_t'(1,\ 1)=-\lambda p_t(1,\ 1)+\lambda p_t(2,\ 1)=-\lambda[p_t(1,\ 1)-p_t(2,\ 1)]$$

$$p_t'(2,\ 1)=\mu p_t(1,\ 1)-\mu p_t(2,\ 1)=\mu[p_t(1,\ 1)-p_t(2,\ 1)]$$

两式相减得：$[p_t(1,\ 1)-p_t(2,\ 1)]'=-(\lambda+\mu)[p_t(1,\ 1)-p_t(2,\ 1)]$，

解得：$p_t(1,\ 1)-p_t(2,\ 1)=\mathrm{e}^{-(\lambda+\mu)t}$.

于是，$p_t'(1,\ 1)=-\lambda\mathrm{e}^{-(\lambda+\mu)t}$，解得：$p_t(1,\ 1)=\dfrac{\lambda}{\lambda+\mu}\mathrm{e}^{-(\lambda+\mu)t}+\dfrac{\mu}{\lambda+\mu}$.

从而

$$p_t(1,\ 2)=1-p_t(1,\ 1)=1-\frac{\lambda}{\lambda+\mu}\mathrm{e}^{-(\lambda+\mu)t}-\frac{\mu}{\lambda+\mu}=-\frac{\lambda}{\lambda+\mu}\mathrm{e}^{-(\lambda+\mu)t}+\frac{\lambda}{\lambda+\mu}.$$

又 $p_t(1,\ 1)-p_t(2,\ 1)=\mathrm{e}^{-(\lambda+\mu)t}$，故 $p_t(2,\ 1)=-\dfrac{\mu}{\lambda+\mu}\mathrm{e}^{-(\lambda+\mu)t}+\dfrac{\mu}{\lambda+\mu}$.

从而

$$p_t(2,\ 2)=1-p_t(2,\ 1)=1+\frac{\mu}{\lambda+\mu}\mathrm{e}^{-(\lambda+\mu)t}-\frac{\mu}{\lambda+\mu}=\frac{\mu}{\lambda+\mu}\mathrm{e}^{-(\lambda+\mu)t}+\frac{\lambda}{\lambda+\mu}.$$

4.3 连续时间 Markov 链的极限行为

定义 4.4 设 $p_t(i, j)$ 为连续时间 Markov 链的转移概率，若存在 t_1 和 t_2 使得 $p_{t_1}(i, j) > 0$，$p_{t_2}(j, i) > 0$，则称**状态** i 和 j 是**互通**的.

定义 4.5 若所有状态都是互通的，则称该 Markov 链是**不可约**的.

离散时间 Markov 链的平稳分布是 $\pi p = \pi$ 的解. 但在连续时间 Markov 链中，我们需要定义更强的概念.

定义 4.6 若对于所有的 $t > 0$ 都有 $\pi p_t = \pi$ 成立，则称 π 是一个**平稳分布**.

引理 4.1 π 是一个平稳分布当且仅当 $\pi Q = 0$.

证明 必要性：

若 $\pi p_t = \pi$，则考虑对该向量中的第 j 项进行求导，

$$0 = \frac{\mathrm{d}}{\mathrm{d}t}(\pi p_t)_j = \sum_i \pi(i) p_t'(i, j) = \sum_i \pi(i) \sum_k p_t(i, k) Q(k, j)$$

$$= \sum_k \sum_i \pi(i) p_t(i, k) Q(k, j) = \sum_k \pi(k) Q(k, j),$$

故向量 πQ 的第 j 项为 0. 由于 j 是任意的，因此 $\pi Q = 0$.

充分性：

若 $\pi Q = 0$，则考虑对向量 πp_t 中的第 j 项进行求导，

$$\frac{\mathrm{d}}{\mathrm{d}t}\left(\sum_i \pi(i) p_t(i, j)\right) = \sum_i \pi(i) p_t'(i, j) = \sum_i \pi(i) \sum_k Q(i, k) p_t(k, j)$$

$$= \sum_k \sum_i \pi(i) Q(i, k) p_t(k, j) = \sum_k 0 p_t(k, j) = 0,$$

故向量 πp_t 的第 j 项为常数. 由于 j 是任意的，因此 πp_t 为常向量.

又 $t = 0$ 时，p_t 为单位矩阵，故 $\pi p_0 = \pi$，因此 $\pi p_t = \pi$. ■

定理 4.3 若连续时间 Markov 链是不可约的且有平稳分布 π，则

$$\lim_{t \to \infty} p_t(i, j) = \pi(j),$$

即在不可约条件下，极限分布就是平稳分布.

此定理证明省略.

下面我们利用例 4.6 两状态链来验证定理 4.3.

在例 4.6 中，$Q = \begin{pmatrix} -\lambda & \lambda \\ \mu & -\mu \end{pmatrix}$. 利用 $\pi Q = 0$ 和 $\sum_i \pi(i) = 1$，我们可求得平稳

分布 $\pi = \left(\dfrac{\mu}{\lambda + \mu}, \dfrac{\lambda}{\lambda + \mu} \right)$.

$$p_t(1,\ 1) = \frac{\lambda}{\lambda + \mu} \mathrm{e}^{-(\lambda + \mu)t} + \frac{\mu}{\lambda + \mu}, \qquad p_t(1,\ 2) = -\frac{\lambda}{\lambda + \mu} \mathrm{e}^{-(\lambda + \mu)t} + \frac{\lambda}{\lambda + \mu},$$

$$p_t(2,\ 1) = -\frac{\mu}{\lambda + \mu} \mathrm{e}^{-(\lambda + \mu)t} + \frac{\mu}{\lambda + \mu}, \quad p_t(2,\ 2) = \frac{\mu}{\lambda + \mu} \mathrm{e}^{-(\lambda + \mu)t} + \frac{\lambda}{\lambda + \mu}.$$

显然两状态链是不可约的, 而且我们很容易可以计算出:

$$\lim_{t \to \infty} p_t(i,\ 1) = \frac{\mu}{\lambda + \mu} = \pi(1), \quad \lim_{t \to \infty} p_t(i,\ 2) = \frac{\lambda}{\lambda + \mu} = \pi(2).$$

例 4.7 天气链 设某地有 3 个状态: 1 = 晴, 2 = 雾, 3 = 雨. 天气持续为晴天的时间服从均值为 3 天的指数分布, 然后变为雾天. 雾天持续时间服从均值为 4 天的指数分布, 然后变为雨天. 雨天持续时间服从均值为 1 天的指数分布, 之后返回晴天.

从长远看, 该地天气为晴天、雾天和雨天的概率分别是多少?

解 依题意写出该天气链的 $\boldsymbol{Q}$ 矩阵:

$$\boldsymbol{Q} = \begin{pmatrix} -\dfrac{1}{3} & \dfrac{1}{3} & 0 \\ 0 & -\dfrac{1}{4} & \dfrac{1}{4} \\ 1 & 0 & -1 \end{pmatrix}.$$

利用 $\pi \boldsymbol{Q} = 0$ 和 $\sum_i \pi(i) = 1$, 求得平稳分布 $\pi = \left(\dfrac{3}{8}, \dfrac{4}{8}, \dfrac{1}{8} \right)$.

事实上, 此题还可从周期的角度考虑. 从长远来看, 3 天晴天、4 天雾天和 1 天雨天形成了一个周期, 周而复始. 因此, 从长远来看, 该地天气为晴天、雾天和雨天的概率分别为一个周期中该天气的比例, 即 $\dfrac{3}{8}$, $\dfrac{4}{8}$ 和 $\dfrac{1}{8}$.

定义 4.7 若连续时间 Markov 链对任意状态 $i \neq j$ 都满足 $\pi(i)q(i,\ j) = \pi(j)q(j,\ i)$, 则称该链满足**细致平衡条件**.

定理 4.4 若 π 满足细致平衡条件, 则 π 是平稳分布.

证明 $\sum_{i \neq j} \pi(i)q(i,\ j) = \sum_{i \neq j} \pi(j)q(j,\ i) = \pi(j) \sum_{i \neq j} q(j,\ i) = \pi(j) \lambda_j$, 则

$$\sum_{i \neq j} \pi(i)q(i,\ j) - \pi(j)\lambda_j = 0,$$

即向量 πQ 的第 j 项为 0.

由于 j 是任意的，故 $\pi Q = 0$，因此 π 是平稳分布. ◼

和离散时间 Markov 链的相关结论类似，定理 4.4 的结论反过来不成立！

我们以例 4.7 的天气链为例进行说明.

天气链中，$Q = \begin{pmatrix} -\dfrac{1}{3} & \dfrac{1}{3} & 0 \\ 0 & -\dfrac{1}{4} & \dfrac{1}{4} \\ 1 & 0 & -1 \end{pmatrix}$，平稳分布 $\pi = \left(\dfrac{3}{8}, \dfrac{4}{8}, \dfrac{1}{8} \right)$.

我们很容易验证：$0 = \pi(2)q(2, 1) \neq \pi(1)q(1, 2) = \dfrac{3}{8} \times \dfrac{1}{3}$，因此该链的平稳分布不满足细致平衡条件.

另一方面，在例 4.6 两状态链中，$Q = \begin{pmatrix} -\lambda & \lambda \\ \mu & -\mu \end{pmatrix}$.

很容易验证向量 $\pi = \left(\dfrac{\mu}{\lambda + \mu}, \dfrac{\lambda}{\lambda + \mu} \right)$ 满足细致平衡条件：

$$\pi(1)q(1, 2) = \frac{\lambda \mu}{\lambda + \mu} = \pi(2)q(2, 1),$$

因此 $\pi = \left(\dfrac{\mu}{\lambda + \mu}, \dfrac{\lambda}{\lambda + \mu} \right)$ 是该链的平稳分布.

例 4.8　一名理发师理发的速率为 3，这里以每小时的顾客数为单位，即每位顾客的理发时间服从均值为 20 分钟的指数分布. 假设顾客按照一个速率为 2 的 Poisson 过程到达，但如果顾客到达时，等候室的两把椅子都已坐满，则他将离开.

(1) 求等候室两把椅子坐满顾客的时间比例；

(2) 从长远来看，理发师每小时服务多少名顾客？

解　依题意，可写出该链的 Q 矩阵：

$$Q = \begin{pmatrix} -2 & 2 & 0 & 0 \\ 3 & -5 & 2 & 0 \\ 0 & 3 & -5 & 2 \\ 0 & 0 & 3 & -3 \end{pmatrix}.$$

利用细致平衡条件得到：$2\pi(0) = 3\pi(1)$，$2\pi(1) = 3\pi(2)$，$2\pi(2) = 3\pi(3)$.

再利用 $\sum_{i=0}^{3} \pi(i) = 1$，解得：$\pi(0) = \dfrac{27}{65}$，从而得到：$\pi(1) = \dfrac{18}{65}$，$\pi(2) = \dfrac{12}{65}$，$\pi(3) = \dfrac{8}{65}$.

由于 $\pi = \left(\dfrac{27}{65}, \dfrac{18}{65}, \dfrac{12}{65}, \dfrac{8}{65}\right)$ 满足细致平衡条件，故 $\pi = \left(\dfrac{27}{65}, \dfrac{18}{65}, \dfrac{12}{65}, \dfrac{8}{65}\right)$ 是平稳分布.

（1）等候室两把椅子坐满顾客的时间比例为 $\pi(3) = \dfrac{8}{65}$.

（2）从长远来看，理发师每小时服务顾客数为 $2 \times [1 - \pi(3)] = 2 \times \dfrac{57}{65} = \dfrac{114}{65}$.

例 4.9　一家工厂有 3 台正在使用的机器和 1 名维修工. 假设在发生故障之前，每台机器的工作时间服从均值为 60 天的指数分布，但每次机器发生故障后的维修时间服从均值为 4 天的指数分布. 从长远看，这三台机器都在工作的时间比例是多少？（假定两台机器不会同时发生故障）

解　依题意，可写出该链的 Q 矩阵：

$$Q = \begin{pmatrix} -1/4 & 1/4 & 0 & 0 \\ 1/60 & -16/60 & 1/4 & 0 \\ 0 & 2/60 & -17/60 & 1/4 \\ 0 & 0 & 3/60 & -3/60 \end{pmatrix}.$$

利用细致平衡条件得到：$\dfrac{1}{4}\pi(0) = \dfrac{1}{60}\pi(1)$，$\dfrac{1}{4}\pi(1) = \dfrac{2}{60}\pi(2)$，$\dfrac{1}{4}\pi(2) = \dfrac{3}{60}\pi(3)$.

再利用 $\sum_{i=0}^{3} \pi(i) = 1$，解得：$\pi(0) = \dfrac{2}{1382}$，从而得到：$\pi(1) = \dfrac{30}{1382}$，$\pi(2) = \dfrac{225}{1382}$，$\pi(3) = \dfrac{1125}{1382}$.

由于 $\pi = \left(\dfrac{2}{1382}, \dfrac{30}{1382}, \dfrac{225}{1382}, \dfrac{1125}{1382}\right)$ 满足细致平衡条件，故

$$\pi = \left(\frac{2}{1382}, \frac{30}{1382}, \frac{225}{1382}, \frac{1125}{1382}\right)$$ 是平稳分布.

因此，从长远看，这三台机器都在工作的时间比例是 $\pi(3) = \dfrac{1125}{1382}$.

4.4   习   题

1. 一家售卖计算机的店铺最多可以展示 3 台待售计算机. 顾客按照每周 2 人的 Poisson 过程到达，如果店里至少有 1 台计算机的话将会购买 1 台. 当商店仅剩一台计算机时，店家将发出一个 2 台计算机的订单. 订单到货的时间服从均值为 1 周的指数分布. 当然，在商店等待交货期间，销售可能使得存货量由 1 变为 0.

(1) 写出转移速率矩阵，并求解平稳分布.

(2) 商店卖出计算机的速率是多少?

2. 三只青蛙在池塘附近玩耍. 当它们在地面上晒太阳时，它们觉得太热了，于是以速率 1 跳入池塘. 当它们在池塘中时，它们觉得太冷了，于是以速率 2 跳回地面上. 用 X_t 表示时刻 t 时晒太阳的青蛙数量.

(1) 求 X_t 的平稳分布.

(2) 可以把三只青蛙看作三个相互独立的两状态 Markov 链，请验证(1)的答案.

3. 顾客按照每小时 20 辆汽车的速率到达一家仅有一个泵，但能提供全方位服务的加油站. 然而，当加油站已经有 2 辆汽车，即 1 辆汽车正在加油，1 辆汽车正在等待时，顾客将会去另外的加油站. 假定顾客的加油时间服从均值为 6 分钟的指数分布.

(1) 对加油站的汽车数构建一个 Markov 链模型，求其平稳分布.

(2) 加油站平均每小时服务多少名顾客?

4. 当上一题的假设条件变为：加油站有 2 个自助加油泵，若加油站至少有 4 辆汽车，即 2 辆汽车正在加油，2 辆汽车正在等待服务时，顾客将会选择另外的

加油站，求解上一题中问题的答案．

5. 考虑一家有 2 名理发师、2 把可供顾客等候的椅子的理发店．顾客按照每小时 5 位的速率到达．当顾客到达时，如果理发店的等候椅子坐满，他将离开．假设每一名理发师的服务速率为每小时 2 名顾客，求理发店顾客数的平稳分布．

6. 考虑一家理发店有 1 名理发师，他理发的速率为每小时 4 人，等候室有 3 把椅子．顾客按照每小时 5 位的速率到达．当顾客到达时，如果理发店的等候椅子坐满，他将离开．

（1）证明这个新方案将会比之前的策略损失更少的顾客．

（2）计算每小时增加的能服务的顾客数．

7. 有两个网球场，成对的运动员以每小时 3 组的速率到达，运动时间服从均值为 1 小时的指数分布．如果当新的一组运动员到达时，已经有两组运动员在等待，那么他们将离开．求网球场地使用数量的平稳分布．

8. 一家租车公司有 3 辆车可供租用．打入调度室的电话数服从速率为每小时 2 个的 Poisson 过程．假设每次出车时间服从均值为 20 分钟的指数分布，且当叫车的顾客听到没有可用的出租车时，他们会挂掉电话．

（1）当一个叫车电话打入时，3 辆出租车都已经出车的概率是多少？

（2）从长远看，租车公司平均每小时可服务多少名顾客？

第5章 布朗运动

5.1 布朗运动的定义

布朗运动最初是由英国生物学家布朗观察到的花粉颗粒悬浮于液体内的不规则运动的物理现象.1900年法国数学家巴舍利耶在他的博士论文中正式将布朗运动引入证券市场,用来描述股价的波动.1905年爱因斯坦在研究狭义相对论的过程中,独立地对布朗运动进行了数学刻画.1923年维纳研究了布朗运动的数学理论,并对其进行了严格定义.因此,布朗运动也被称为维纳过程.

布朗运动是对称随机游动按某种方式的极限,所以对称随机游动和布朗运动有很多类似的性质,两者在应用中也常常相互近似转换.因此,我们先从对称随机游动开始讨论.

考虑直线上的简单对称随机游动.假设一个粒子每经过 Δt 时间随机地以等概率向左或向右移动 Δx(向右移动可记为1,向左移动可记为 -1),且每次移动相互独立.将第 i 次粒子的移动记作随机变量 X_i,若 $X(t)$ 表示 t 时刻粒子的位置,则 $X(t) = \Delta x(X_1 + X_2 + \cdots + X_{\left[\frac{t}{\Delta t}\right]})$,其中,$\left[\dfrac{t}{\Delta t}\right]$ 表示不超过 $\dfrac{t}{\Delta t}$ 的最大整数.

显然,$EX_i = 0$,$DX_i = 1$.因此,$EX(t) = 0$,$DX(t) = (\Delta x)^2 \left[\dfrac{t}{\Delta t}\right]$.

如果在越来越短的时间区间取越来越小的步长来加快这个过程,则 $X(t)$ 的极限可能有以下几种情况:

(1)令 $\Delta t \to 0$,则 $DX(t) \to 0$(例如取 $\Delta x = \Delta t$),且 $EX(t) = 0$,从而 $X(t)$ 将以概率1收敛于0,也就是几乎不动.

(2)令 $\Delta t \to 0$,则 $DX(t) \to +\infty$(例如取 $(\Delta x)^3 = \Delta t$).但在实际中,由于

$X(t)$ 是连续移动的，有限时间内 $X(t)$ 有界，即方差不会趋于无限大.

（3）令 $\Delta t \to 0$，则 $DX(t) \to \sigma^2 t$（例如取 $\Delta x = \sigma \sqrt{\Delta t}$），且 $EX(t) = 0$. 因为 $X(t)$ 可看作独立同分布的随机变量之和，由独立同分布的中心极限定理知，$X(t)$ 近似服从 $N(0, \sigma^2 t)$.

由于前两种情况不太符合实际，因此通常我们只考虑第三种情况.

通过简单对称随机游动的逼近过程分析，我们可以得到 $X(t)$ 的性质：

（1）$X(t)$ 服从均值为 0，方差为 $\sigma^2 t$ 的正态分布.

又由于简单对称随机游动的值在不重叠的时间区间中的变化是独立的，所以有（2）.

（2）$\{X(t)\}$ 有独立增量性.

又因为简单对称随机游动在任一时间区间中的位置变化的分布只依赖于区间的长度，与起止点位置无关，所以有（3）.

（3）$\{X(t)\}$ 有平稳增量性.

基于以上分析，下面给出布朗运动的严格定义.

定义 5.1　若随机过程 $\{X(t)\}$ 满足：

（1）$X(0) = 0$；

（2）$\{X(t)\}$ 有独立增量性和平稳增量性；

（3）$X(t)$ 服从 $N(0, \sigma^2 t)$；

（4）（路径连续性）$X(t)$ 是 t 的连续函数，

则称 $\{X(t)\}$ 为**布朗运动**，也称为**维纳过程**，常记为 $\{B(t)\}$ 或 $\{W(t)\}$. 如果 $\sigma = 1$，则称该布朗运动为**标准布朗运动**.

如果 $\sigma \neq 1$，则可考虑 $\{X(t)/\sigma\}$，它显然是标准布朗运动. 故不失一般性，我们可以只考虑标准布朗运动的情形. 以后若没有特别说明，所有布朗运动均指标准布朗运动.

我们可以不加证明地给出布朗运动的等价定义.

定义 5.2　布朗运动是具有下述性质的随机过程 $\{B(t)\}$：

（1）（正态增量）$B(0) = 0$，$B(t) - B(s)$ 服从 $N(0, t-s)$；

（2）（独立增量）$B(t) - B(s)$ 独立于过程的过去状态 $B(u)(0 \leqslant u \leqslant s)$；

（3）（路径连续性）$B(t)$ 是 t 的连续函数.

我们根据定义，可以得到布朗运动的如下性质：

定理 5.1 $E(B(t)B(s)) = s, \ 0 \leqslant s \leqslant t.$

证明 $E(B(t)B(s)) = E[(B(t) - B(s) + B(s))B(s)]$

$$= E[(B(t) - B(s))B(s)] + EB^2(s)$$

$$= E(B(t) - B(s))EB(s) + DB(s)$$

$$= 0 + s = s.$$

下面给出关于布朗运动概率计算的例子.

例 5.1 设 $\{B(t)\}$ 是标准布朗运动.

(1) 计算在时刻 2，布朗运动在负半轴的概率；

(2) 计算在时刻 1 和时刻 2，布朗运动都在负半轴的概率.

解 (1) 由于 $B(2)$ 服从 $N(0, 2)$，所以 $P\{B(2) < 0\} = \dfrac{1}{2}$.

(2) 由于布朗运动具有独立增量性，因此 $B(2) - B(1)$ 和 $B(1)$ 是相互独立的标准正态随机变量，于是

$$P\{B(1) < 0, B(2) < 0\}$$

$$= P\{B(1) < 0, B(1) + [B(2) - B(1)] < 0\}$$

$$= P\{B(1) < 0, B(2) - B(1) < -B(1)\}$$

$$= \int_{-\infty}^{0} P\{B(2) - B(1) < -x \mid B(1) = x\} \phi(x)\,\mathrm{d}x$$

$$= \int_{-\infty}^{0} P\{B(2) - B(1) < -x\} \phi(x)\,\mathrm{d}x$$

$$= \int_{-\infty}^{0} \Phi(-x) \phi(x)\,\mathrm{d}x$$

$$= \int_{0}^{+\infty} \Phi(y) \phi(-y)\,\mathrm{d}y$$

$$= \int_{0}^{+\infty} \Phi(y) \phi(y)\,\mathrm{d}y$$

$$= \int_{0}^{+\infty} \Phi(y)\,\mathrm{d}\Phi(y)$$

$$= \int_{\frac{1}{2}}^{1} z\,\mathrm{d}z$$

$$= \frac{3}{8}.$$

例5.2 设在两人的自行车赛中，t 表示内道出发的参赛者完成的路程比例，$Y(t)$ 表示该参赛者领先的时间数量(以秒计). 假设 $\{Y(t)\}$ 可以用方差参数为 σ^2 的布朗运动建模. 如果在竞赛路程中点时该参赛者领先 σ 秒，求他最终取胜的概率.

解
$$P\left\{Y(1) > 0 \mid Y\left(\frac{1}{2}\right) = \sigma\right\} = P\left\{Y(1) - Y\left(\frac{1}{2}\right) > -\sigma \mid Y\left(\frac{1}{2}\right) = \sigma\right\}$$

$$= P\left\{Y(1) - Y\left(\frac{1}{2}\right) > -\sigma\right\} \text{(由独立增量性)}$$

$$= P\left\{Y\left(\frac{1}{2}\right) > -\sigma\right\} \text{(由平稳增量性)}$$

$$= P\left\{\frac{Y\left(\frac{1}{2}\right)}{\sigma/\sqrt{2}} > -\sqrt{2}\right\} \text{(标准化随机变量)}$$

$$= \Phi(\sqrt{2}) = 0.9213.$$

5.2 布朗运动的首达时刻

记布朗运动首次到达 a 的时刻为 T_a，即 $T_a = \min\{t: t > 0, B(t) = a\}$.
注意，这里 T_a 是一个随机变量，与之前学习过的概念"停时"类似.

定理5.2 对任意 a，T_a 的分布函数

$$F(t) = P\{T_a \leqslant t\} = 2P\{B(t) \geqslant a\} = 2\left[1 - \Phi\left(\frac{|a|}{\sqrt{t}}\right)\right] (t > 0).$$

证明 利用全概率公式知：
$P\{B(t) \geqslant a\} = P\{B(t) \geqslant a \mid T_a \leqslant t\}P\{T_a \leqslant t\} + P\{B(t) \geqslant a \mid T_a > t\}P\{T_a > t\}$.

若 $T_a \leqslant t$，那么由对称性知，过程在 $[0, t]$ 中的某个时刻到达 a 后等可能地在时刻 t 或者比 a 大或者比 a 小，即 $P\{B(t) \geqslant a \mid T_a \leqslant t\} = \frac{1}{2}$.

若 $T_a > t$，则过程在时刻 t 还没有到达 a，故 $P\{B(t) \geqslant a \mid T_a > t\} = 0$.

因此，$P\{B(t) \geqslant a\} = \frac{1}{2}P\{T_a \leqslant t\}$，即 $P\{T_a \leqslant t\} = 2P\{B(t) \geqslant a\}$.

当 $a > 0$ 时, $P\{T_a \leqslant t\} = 2(1 - P\{B(t) \leqslant a\}) = 2\left[1 - \Phi\left(\dfrac{a}{\sqrt{t}}\right)\right]$.

对于 $a < 0$, 由对称性知, 从零点出发的布朗运动向下首次到达 a 与向上首次到达 $-a$ 的概率相同, 即 T_a 与 T_{-a} 同分布. 因此 $P\{T_a \leqslant t\} = 2\left[1 - \Phi\left(\dfrac{-a}{\sqrt{t}}\right)\right]$.

综上知: $F(t) = P\{T_a \leqslant t\} = 2P\{B(t) \geqslant a\} = 2\left[1 - \Phi\left(\dfrac{|a|}{\sqrt{t}}\right)\right]$. ■

推论 5.1 T_a 的密度函数为 $f(t) = \dfrac{|a|}{\sqrt{2\pi t^3}}\exp\left(-\dfrac{a^2}{2t}\right)$ $(t > 0)$.

证明 $f(t) = F'(t) = -2\dfrac{1}{\sqrt{2\pi}}\exp\left(-\dfrac{a^2}{2t}\right) \cdot |a|\left(-\dfrac{1}{2}t^{-\frac{3}{2}}\right) = \dfrac{|a|}{\sqrt{2\pi t^3}}\exp\left(-\dfrac{a^2}{2t}\right)$. ■

推论 5.2 对任意 a, $P\{T_a < +\infty\} = 1$, $ET_a = +\infty$.

证明 由定理 5.2 知,

$$P\{T_a < +\infty\} = \lim_{t \to +\infty} P\{T_a \leqslant t\} = \lim_{t \to +\infty} 2\left[1 - \Phi\left(\dfrac{|a|}{\sqrt{t}}\right)\right] = 2[1 - \Phi(0)] = 1.$$

由推论 5.1 知,

$$ET_a = \int_0^{+\infty} f(t)t\,\mathrm{d}t = \int_0^{+\infty} \dfrac{|a|}{\sqrt{2\pi t^3}}\exp\left(-\dfrac{a^2}{2t}\right)t\,\mathrm{d}t = \int_0^{+\infty} \dfrac{|a|}{\sqrt{2\pi t}}\exp\left(-\dfrac{a^2}{2t}\right)\mathrm{d}t,$$

又由于 $\dfrac{|a|}{\sqrt{2\pi t}}\mathrm{e}^{-\frac{a^2}{2t}} \sim \dfrac{|a|}{\sqrt{2\pi t}}\left[1 + o\left(\dfrac{1}{t}\right)\right] \sim \dfrac{|a|}{\sqrt{2\pi t}} \sim \dfrac{1}{\sqrt{t}}$, 其中, 符号 "~" 表示同阶无穷小, 由反常积分收敛判别定理知, $ET_a = +\infty$. ■

布朗运动在首达时刻 T_a 后发生了反射, 由此所构成的路径也是布朗运动, 这一性质就称为**反射原理**.

另一个值得关注的随机变量是过程在 $[0, t]$ 中达到的最大值和最小值, 即 $\max\limits_{0 \leqslant s \leqslant t} B(s)$ 和 $\min\limits_{0 \leqslant s \leqslant t} B(s)$, 它们的分布可由首次到达时刻的分布得到.

推论 5.3 (1) 对于 $a > 0$, $P\{\max\limits_{0 \leqslant s \leqslant t} B(s) \geqslant a\} = P\{T_a \leqslant t\} = 2\left[1 - \Phi\left(\dfrac{a}{\sqrt{t}}\right)\right]$;

(2) 对于 $a < 0$, $P\{\min\limits_{0 \leqslant s \leqslant t} B(s) \leqslant a\} = P\{T_a \leqslant t\} = 2\left[1 - \Phi\left(\dfrac{-a}{\sqrt{t}}\right)\right]$.

证明 （1）对于 $a > 0$，因为布朗运动在时刻 t 之前最大值大于等于 a 等价于首次到达 a 发生在时刻 t 之前，即 $\{\max_{0 \leqslant s \leqslant t} B(s) \geqslant a\} \Leftrightarrow \{T_a \leqslant t\}$，所以，由 $P\{T_a \leqslant t\} = 2(1 - P\{B(t) \leqslant a\}) = 2\left[1 - \Phi\left(\dfrac{a}{\sqrt{t}}\right)\right]$ 知：

$$P\{\max_{0 \leqslant s \leqslant t} B(s) \geqslant a\} = P\{T_a \leqslant t\} = 2\left[1 - \Phi\left(\frac{a}{\sqrt{t}}\right)\right].$$

（2）对于 $a < 0$，因为布朗运动在时刻 t 之前最小值小于等于 a 等价于首次到达 a 发生在时刻 t 之前，即 $\{\min_{0 \leqslant s \leqslant t} B(s) \leqslant a\} \Leftrightarrow \{T_a \leqslant t\}$，所以

$$P\{\min_{0 \leqslant s \leqslant t} B(s) \leqslant a\} = P\{T_a \leqslant t\} = 2\left[1 - \Phi\left(\frac{-a}{\sqrt{t}}\right)\right].$$ ■

推论5.4 设 $\{B_x(t), t \geqslant 0\}$ 是始于 x 的标准布朗运动，则 $B_x(t)$ 在 $(0, t)$ 中至少有一个零点的概率为 $P\{T_x \leqslant t\} = 2\left[1 - \Phi\left(\dfrac{|x|}{\sqrt{t}}\right)\right]$.

证明 若 $x < 0$，令 A 表示 $B_x(t)$ 在 $(0, t)$ 中至少有一次到达零点，则

$$A \Leftrightarrow \{\text{从 } x \text{ 出发，} t \text{ 之前首次到达 } 0\}$$

$$\Leftrightarrow \{\text{从 } 0 \text{ 出发，} t \text{ 之前首次到达 } -x\} \text{（对称性）}$$

$$\Leftrightarrow \{T_{-x} \leqslant t\} \Leftrightarrow \{T_x \leqslant t\}.$$

再根据定理 5.2 可知，若 $x > 0$，则证明过程类似可得. ■

推论5.5 设 $\{B(t), t \geqslant 0\}$ 是标准布朗运动. 若 $0 < a < b$，则 $B(t)$ 在 (a, b) 中至少有一个零点的概率为 $\dfrac{2}{\pi}\arccos\sqrt{\dfrac{a}{b}}$.

证明 令 A 表示 $B_x(t)$ 在 (a, b) 中至少有一次到达零点，则由连续随机变量的全概率公式得：

$$P(A) = \int_{-\infty}^{+\infty} P\{A \mid B(a) = x\} \mathrm{d}P\{B(a) \leqslant x\}.$$

根据平稳增量性，

$P\{A \mid B(a) = x\} = P\{T_x \leqslant b - a\}$，利用推论 5.4 计算后可得，具体计算过程可查阅附录. ■

利用推论 5.5，还可以得到布朗运动的反正弦律.

推论5.6 设 $\{B(t), t \geqslant 0\}$ 是标准布朗运动. 若 $0 < a < b$，则 $B(t)$ 在 (a, b)

中没有零点的概率为 $\dfrac{2}{\pi}\arcsin\sqrt{\dfrac{a}{b}}$.

5.3 布朗运动的几种变化

下面给出布朗运动在应用中很常见的几种变化.

定义 5.3 设 $\{B(t),\ t\geqslant 0\}$ 是标准布朗运动. 令 $B^*(t)=B(t)-tB(1)$, $0\leqslant t\leqslant 1$, 则称随机过程 $\{B^*(t),\ 0\leqslant t\leqslant 1\}$ 为**布朗桥**.

根据定义, 不难看出: $B^*(0)=B(0)-0B(1)=0$, $B^*(1)=B(1)-B(1)=0$. 可见, $\{B^*(t),\ 0\leqslant t\leqslant 1\}$ 的两个端点是固定的, 就如同桥一样, 故名布朗桥.

对于布朗桥, 假设 $0\leqslant s\leqslant t\leqslant 1$, 其期望和协方差分别为:

$$EB^*(t)=EB(t)-tEB(1)=0,$$

$$\mathrm{Cov}(B^*(s)B^*(t))=E(B^*(s)B^*(t))$$
$$=E([B(s)-sB(1)][B(t)-tB(1)])$$
$$=E(B(s)B(t)-sB(1)B(t)-tB(s)B(1)+stB^2(1))$$
$$=E(B(s)B(t))-sE(B(1)B(t))-tE(B(s)B(1))+stE(B^2(1))$$
$$=s-st-ts+st(根据定理 5.1)$$
$$=s(1-t).$$

定义 5.4 设 T_a 为布朗运动首次到达 a 的时刻, $a>0$. 令

$$Z(t)=\begin{cases}B(t), & t<T_a,\\ a, & t\geqslant T_a.\end{cases}$$

则 $\{Z(t),\ t\geqslant 0\}$ 是到达 a 后, 永远停留在那里的布朗运动(**有吸收值的布朗运动**).

对任何 $t>0$, 随机变量 $Z(t)$ 的分布有离散和连续两个部分. 离散部分是

$$P\{Z(t)=a\}=P\{T_a\leqslant t\}=2\left[1-\Phi\left(\frac{a}{\sqrt{t}}\right)\right].$$

下面求连续部分的分布: 若 $y<a$, 则

$$P\{Z(t)\leqslant y\}=P\{B(t)\leqslant y,\ \max_{0\leqslant s\leqslant t}B(s)<a\}$$

$$= P\{B(t) \leqslant y\} - P\{B(t) \leqslant y, \max_{0 \leqslant s \leqslant t} B(s) > a\}$$

$$= P\{B(t) \leqslant y\} - P\{B(t) \geqslant 2a - y\}$$

$$= P\{B(t) \leqslant y\} - P\{B(t) \leqslant y - 2a\}$$

$$= \frac{1}{\sqrt{2\pi t}} \int_{y-2a}^{y} e^{-\frac{x^2}{2t}} dx.$$

这里事件 $\{B(t) \leqslant y, \max\limits_{0 \leqslant s \leqslant t} B(s) > a\}$ 表示 $\{B(t)$ 在 t 时刻之前到过 a 且在 t 时刻小于等于 $y\}$, 利用对称性, 其概率等于事件 $\{B(t)$ 在 t 时刻之前到过 a 且在 t 时刻大于等于 $2a - y\}$ 发生的概率. 又因为 $2a - y > a$, 所以 $\{B(t)$ 在 t 时刻之前到过 a 且在 t 时刻大于等于 $2a - y\}$ 等价于 $\{B(t)$ 在 t 时刻大于等于 $2a - y\}$.

另外, 当 $y \geqslant a$ 时, 有 $P\{Z(t) \leqslant y\} = 1$.

定义 5.5 由 $Y(t) = |B(t)|$, $t \geqslant 0$ 定义的过程 $\{Y(t), t \geqslant 0\}$ 称为**在原点反射的布朗运动**. 它的概率分布为

$$P\{Y(t) \leqslant y\} = P\{|B(t)| \leqslant y\} = P\{-y \leqslant B(t) \leqslant y\} \quad (y > 0)$$

$$= P\{B(t) \leqslant y\} - P\{B(t) \leqslant -y\}$$

$$= P\{B(t) \leqslant y\} - P\{B(t) \geqslant y\} = P\{B(t) \leqslant y\} - (1 - P\{B(t) \leqslant y\})$$

$$= 2P\{B(t) \leqslant y\} - 1 = 2\Phi\left(\frac{y}{\sqrt{t}}\right) - 1.$$

定义 5.6 设 $\{B(t), t \geqslant 0\}$ 是标准布朗运动. 令 $X(t) = e^{R(t)}$, 其中, $R(t) = \mu t + \sigma B(t)$, 称 $X(t)$ 为**几何布朗运动**, $R(t)$ 为**带漂移的布朗运动**, 参数 μ 称为**漂移系数**, 参数 σ 称为**波动率**.

几何布朗运动被广泛应用于刻画价格过程, 包括股票价格、公司价值或项目价值. 尽管价格是不独立的, 但如果价格的比率或简单收益率可以看作是独立同分布的, 且均值和方差有限, 则价格过程可以用一个几何布朗运动来刻画. 具体来说就是, 令 $X(n)$ 表示标的在时刻 n 的价格, 若 $\left\{\dfrac{X(n)}{X(n-1)}, n > 0\right\}$ 独立同分布, 则当 n 较大时, $X(n)$ 近似服从对数正态分布.

这是因为, 若令 $R(n) = \dfrac{X(n)}{X(n-1)}$, 则

$$X(n) = \frac{X(1)}{X(0)} \cdot \frac{X(2)}{X(1)} \cdots \frac{X(n)}{X(n-1)} = R(1) \cdot R(2) \cdots R(n), \quad 即$$

$$\ln X(n) = \sum_{i=1}^{n} \ln R(i).$$

因为 $\ln R(n)$ 独立同分布，又假设 $\ln R(n)$ 的均值和方差存在，则由中心极限定理知 $\ln X(n) = \sum_{i=1}^{n} \ln R(i)$ 收敛于正态分布，即 $X(n)$ 近似服从对数正态分布.

例 5.3   计算几何布朗运动 $X(t) = e^{\mu t + \sigma B(t)}$，$t \geqslant 0$ 的均值函数和方差函数.

解   首先计算标准正态随机变量 Z 的矩母函数，即

$$E(e^{sZ}) = \frac{1}{\sqrt{2\pi}} \int_{-\infty}^{+\infty} e^{sx} e^{-\frac{x^2}{2}} dx = \frac{e^{\frac{s^2}{2}}}{\sqrt{2\pi}} \int_{-\infty}^{+\infty} e^{-\frac{(x-s)^2}{2}} dx = e^{\frac{s^2}{2}} \frac{1}{\sqrt{2\pi}} \int_{-\infty}^{+\infty} e^{-\frac{y^2}{2}} dy = e^{\frac{s^2}{2}}.$$

由于 $B(t) = \sqrt{t}Z$，于是 $E(e^{\sigma B(t)}) = E(e^{\sigma\sqrt{t}Z}) = e^{\frac{\sigma^2 t}{2}}$，因此

$$EX(t) = Ee^{\mu t + \sigma B(t)} = e^{\mu t} Ee^{\sigma B(t)} = e^{\mu t} \cdot e^{\frac{\sigma^2 t}{2}} = e^{\mu t + \frac{\sigma^2 t}{2}}.$$

$DX(t) = EX^2(t) - (EX(t))^2$，由于 $EX^2(t) = Ee^{2\mu t + 2\sigma B(t)} = e^{2\mu t} Ee^{2\sigma B(t)}$，而 $E(e^{2\sigma B(t)}) = E(e^{2\sigma\sqrt{t}Z}) = e^{2\sigma^2 t}$，从而 $EX^2(t) = e^{2\mu t} e^{2\sigma^2 t} = e^{2\mu t + 2\sigma^2 t}$. 因此

$$DX(t) = e^{2\mu t + 2\sigma^2 t} - e^{2\mu t + \sigma^2 t}.$$

5.4   习　　题

1. 假设 $0 < s < t$，求 $W(s) + W(t)$ 的均值和方差.

2. 对于在直线上做布朗运动的粒子而言，其在时刻 2 的坐标为 1，求其在时刻 5 的坐标不超过 3 的概率.

3. 设一人在每局赌博中等概率地赢一元或输一元，又假设总赌局数为 1000 局. 若到第 25 局截止时累计收益大于 0，求他在剩下的 975 局中一直没有动用过自己本金的概率.

4. 假定某股票价格过程可以用几何布朗运动建模. 设股票价格过程为 $S_t = S_0 e^{\mu t + \sigma B(t)}$，其初始价格为 $S_0 = 100$ 元，且漂移系数 $\mu = 0.02$，波动率 $\sigma = \sqrt{0.02}$. 假设银行 1 年期连续利率为 3%，如果将 100 元存入银行，则 1 年后本利和为 $100e^{0.03}$.

(1) 计算 1 年后该股票价格的期望和方差；

(2) 计算 1 年后该股票价格大于银行存款本利和 $100e^{0.03}$ 的概率.

第 6 章 鞅

鞅是一类重要的随机过程. 从 20 世纪 30 年代起, Levy 等人就开始研究鞅序列, 把它作为独立随机变量序列部分和的推广. 20 世纪 40 年代到 50 年代初, Doob 对鞅进行了系统研究, 得出了著名的鞅不等式、最优停止定理和鞅收敛定理等重要结果. 1962 年, Mayer 解决了 Doob 提出的连续时间的上鞅分解为鞅及增过程之差的问题.

鞅的研究丰富了概率论的内容, 很多以往被认为复杂的东西, 在纳入鞅论的框架后得以简化. 近几十年来, 鞅理论不仅在随机过程中占据重要地位, 而且在金融、保险等领域的实际问题中得到了广泛的应用.

鞅的名称来源于赌博中的双倍押注法的法文首字母缩写. 在该策略下, 如果每次输了就把下注的资金翻倍. 对于公平赌博而言, 如此反复最终总能赢钱.

对鞅的性质进行研究, 在很大程度上依赖于条件期望的概念及其相关性质, 因此我们将条件期望作为鞅的预备知识.

6.1 条 件 期 望

为了说明条件期望的性质, 假设有两个随机变量 X 和 Y, 并且它们的取值取决于 N 次发生的事件构成的信息集 $\{Z_1, Z_2, \cdots, Z_N\}$. 以其中 n 次事件的信息集作为条件, 得到的随机变量期望就是条件期望, 记作

$$E_n(X) = E(X \mid Z_1, Z_2, \cdots, Z_n), \quad E_n(Y) = E(Y \mid Z_1, Z_2, \cdots, Z_n).$$

若随机变量 $E_n(X)$ 的值仅与 $Z_1, Z_2, \cdots, Z_n$ 有关, 则可以将其写作

$$E_n(X) = E(X \mid Z_1, Z_2, \cdots, Z_n) = f(Z_1, Z_2, \cdots, Z_n),$$

其中, $f(\cdot)$ 是函数.

当 $0 \leqslant n \leqslant N$ 时, 以下性质成立:

（1）对于任意常数 a 和 b，以下等式成立：

$$E_n(aX + bY) = aE_n(X) + bE_n(Y).$$

（2）若 X 的取值只依赖于 n 次事件的信息集，则

$$E_n(XY) = X \cdot E_n(Y).$$

（3）若 $0 \leqslant n \leqslant m \leqslant N$，则

$$E_n[E_m(X)] = E_n(X).$$

从中可以看出，X 的条件期望取决于信息集中的最小者. 特别是对于无条件期望而言，有

$$E[E_m(X)] = E(X).$$

（4）若 X 取决于第 $n + 1$ 次到 N 次事件所构成的信息集 $\{Z_{n+1}, Z_{n+2}, \cdots, Z_N\}$，则

$$E_n(X) = E(X). \text{（此时条件与 } X \text{ 无关）}$$

（5）（Jensen 不等式）如果 $\phi(\cdot)$ 是凸函数，则

$$E_n[\phi(X)] \geqslant \phi[E_n(X)].$$

6.2　离　　散　　鞅

定义 6.1　设有一个随机变量序列 $\{X_n\}$，$n = 0, 1, 2, \cdots$，若对于 $\forall n \geqslant 0$，均有 $E|X_n| < \infty$，且 $E(X_{n+1} | X_n, \cdots, X_1, X_0) = X_n$，则称 $\{X_n\}$ 为**离散鞅**序列.

定理 6.1　常数序列是鞅.

证明　设常数序列是 $\{X_n\}$，其中 $X_n = c$. 显然 $E|X_n| = |c| < \infty$. 又

$$E(X_{n+1} | X_n, \cdots, X_1, X_0) = E(c | X_n, \cdots, X_1, X_0) = c = X_n,$$

因此，$\{X_n\}$ 是鞅，即常数序列是鞅.

定理 6.2　若 $\{X_n\}$ 是鞅，则对于 $\forall n \geqslant 0$，$E(X_n) = E(X_0)$.

证明　由于 $\{X_n\}$ 是鞅，因此 $E(X_{n+1} | X_n, \cdots, X_1, X_0) = X_n$，对该式两端取期望，可得 $E[E(X_{n+1} | X_n, \cdots, X_1, X_0)] = E(X_n)$，等式左边利用条件期望性质（3）即有

$$E(X_{n+1}) = E(X_n).$$

依此类推，最终可得：$E(X_n) = E(X_0)$.

以上结果表明：若随机过程是鞅，则其期望值不随时间而发生改变.

例 6.1　对称随机游走　假设在单位时间内，某粒子在一维坐标上可能向左或向右游走一个单位，将游走的距离分别记作 $+1$ 和 -1，对应的概率均为 50%，记 X_i 是时刻 i 粒子游走的距离，则 $P(X_i = +1) = P(X_i = -1) = 0.5$. 假设截至时刻 n，粒子游走的总距离为 $S_n = X_1 + X_2 + \cdots + X_n$，且 $S_0 = 0$. 证明：$\{S_n\}$ 是鞅.

证明　$E(S_{n+1} \mid S_n, \cdots, S_1, S_0) = E(S_n + X_{n+1} \mid S_n, \cdots, S_1, S_0)$

$= E(S_n \mid S_n, \cdots, S_1, S_0) + E(X_{n+1} \mid S_n, \cdots, S_1, S_0)$

$= S_n + E(X_{n+1}) = S_n.$

另外，$E|S_n| = E\left| \sum_{i=1}^{n} X_i \right| \leqslant E\left(\sum_{i=1}^{n} |X_i| \right) = \sum_{i=1}^{n} E|X_i| = n < \infty.$

因此，$\{S_n\}$ 是鞅.

定义 6.2　设 $\{X_n\}$ 和 $\{Y_n\}$ 是两个随机变量序列，$n = 0, 1, 2, \cdots$. 若对于 $\forall n \geqslant 0$，下列条件成立：

(1) $E|X_n| < \infty$；

(2) X_n 是关于 $Y_0, Y_1, \cdots, Y_n$ 的函数；

(3) $E(X_{n+1} \mid Y_n, \cdots, Y_1, Y_0) = X_n$，

则称 $\{X_n\}$ 是**关于 $\{Y_n\}$ 的鞅**.

例 6.2　公平赌博的双倍下注问题　记 X_n 是第 n 次赌博后的财富总额，且 $X_0 = 0$. Y_n 表示第 n 次赌博的结果，$Y_n = 1$ 表示赢钱；$Y_n = -1$ 表示输钱. 由于是公平赌博，因此 $P\{Y_n = 1\} = P\{Y_n = -1\} = 0.5$.

我们采用以下赌博策略：如果输钱，则下次赌注翻倍；一旦赢钱就离开赌场. 证明：$\{X_n\}$ 是关于 $\{X_n\}$ 的鞅.

证明　假定前 n 次赌博均输钱，则

$$X_n = -(1 + 2 + 2^2 + \cdots + 2^{n-1}) = -(2^n - 1) = -2^n + 1.$$

(1) 如果下一次赢钱，则可得 2^n，因此 $X_{n+1} = 2^n - 2^n + 1 = 1$.

(2) 如果下一次仍然输钱，则 $X_{n+1} = -2^n - 2^n + 1 = -2^{n+1} + 1$.

对于 $\forall n \geqslant 0$，

$$E \mid X_n \mid = 1 \cdot \left(1 - \frac{1}{2^n}\right) + (2^n - 1) \cdot \frac{1}{2^n} = 2 - \frac{1}{2^{n-1}} < \infty,$$

$$E(X_{n+1} \mid X_n = 1, \cdots, X_1, X_0) = 1 = X_n,$$

$$E(X_{n+1} \mid X_n = -2^n + 1, \cdots, X_1, X_0)$$

$$= 1 \times \frac{1}{2} + (-2^{n+1} + 1) \times \frac{1}{2} = -2^n + 1 = X_n.$$

因此，$\{X_n\}$ 是关于 $\{X_n\}$ 的鞅.

定理 6.3   若 $\{X_n\}$ 是关于 $\{Y_n\}$ 的鞅当且仅当对于 $\forall m > n > 0$,

$$E(X_m \mid Y_n, \cdots, Y_1, Y_0) = X_n.$$

证明   (充分性) 令 $m = n + 1$, 根据定义 6.2, 显然 $\{X_n\}$ 是关于 $\{Y_n\}$ 的鞅.

(必要性) 利用数学归纳法进行证明.

(1) 由于 $\{X_n\}$ 是关于 $\{Y_n\}$ 的鞅, 因此 $E(X_{n+1} \mid Y_n, \cdots, Y_1, Y_0) = X_n.$

(2) 假设当 $m = n + k$ 时, 结论成立, 即 $E(X_{n+k} \mid Y_n, \cdots, Y_1, Y_0) = X_n.$

当 $m = n + k + 1$ 时, $E(X_{n+k+1} \mid Y_{n+k}, \cdots, Y_1, Y_0) = X_{n+k}$, 对等式两端关于 $Y_n, \cdots, Y_1, Y_0$ 求条件期望, 可得:

$$E[E(X_{n+k+1} \mid Y_{n+k}, \cdots, Y_1, Y_0) \mid Y_n, \cdots, Y_1, Y_0] = E(X_{n+k} \mid Y_n, \cdots, Y_1, Y_0),$$

$$E(X_{n+k+1} \mid Y_n, \cdots, Y_1, Y_0) = X_n. \ (等式左边利用条件期望性质(3))$$

综上知, 对于 $\forall m > n > 0$, $E(X_m \mid Y_n, \cdots, Y_1, Y_0) = X_n.$ ∎

例 6.3   波利亚坛子抽样模型   考虑一个装有红黄两色小球的坛子. 在初始状态下, 红黄小球各有一个. 每次从中抽取一个小球后, 放回两个同色小球. 以 X_n 表示第 n 次抽取后坛子中的红色小球数量, 则 $X_0 = 1$, $\{X_n\}$ 是一个 Markov 链, 转移概率为 $P\{X_{n+1} = k + 1 \mid X_n = k\} = \dfrac{k}{n+2}$, $P\{X_{n+1} = k \mid X_n = k\} = 1 - \dfrac{k}{n+2}$. 令 M_n 表示第 n 次抽取后坛子中红色小球所占比例, 即 $M_n = \dfrac{X_n}{n+2}$. 试证明 $\{M_n\}$ 是一个关于 $\{X_n\}$ 的鞅.

证明   由于 $\{X_n\}$ 是一个 Markov 链, 所以 $X_0, X_1, \cdots, X_n$ 中对 X_{n+1} 有影响的历史信息都包含在 X_n 中, 因此 $E(X_{n+1} \mid X_n, \cdots, X_1, X_0) = E(X_{n+1} \mid X_n).$

$$E(X_{n+1} \mid X_n = k) = (k + 1)P\{X_{n+1} = k + 1 \mid X_n = k\} + kP\{X_{n+1} = k \mid X_n = k\}$$

$$= (k + 1) \cdot \frac{k}{n+2} + k \cdot \left(1 - \frac{k}{n+2}\right) = \frac{n+3}{n+2}k,$$

所以

$$E(X_{n+1} \mid X_n) = \frac{n+3}{n+2}X_n.$$

$$E(M_{n+1} \mid X_n, \cdots, X_1, X_0) = E\left(\frac{X_{n+1}}{n+1+2} \mid X_n, \cdots, X_1, X_0\right)$$

$$= \frac{1}{n+3}E(X_{n+1} \mid X_n, \cdots, X_1, X_0) = \frac{1}{n+3}E(X_{n+1} \mid X_n) = \frac{1}{n+3} \cdot \frac{n+3}{n+2}X_n$$

$$= \frac{X_n}{n+2} = M_n,$$

另有 $|M_n| = \dfrac{X_n}{n+2} < 1$，所以 $E|M_n| < 1$，因此 $\{M_n\}$ 是一个关于 $\{X_n\}$ 的鞅.

6.3　连　续　鞅

定义 6.3　对于一个随机变量 X，若 $E|X| < \infty$，则称 X 是**可积**的；若 $E(X^2) < \infty$，则称 X 是**平方可积**的.

由于 $E(X) \leq E|X| < \infty$，因此，当随机变量 X 可积时，其期望值必然是有限的. 类似地，当 X 是平方可积时，其方差也必然是有限的.

定义 6.4　假设 T 是一个固定的正数，且对 $\forall t \in [0, T]$，都有一个 σ - 代数 $\mathcal{F}(t)$ 与之相对应. 若对 $\forall 0 \leq s \leq t \leq T$，均有 $\mathcal{F}(s) \subseteq \mathcal{F}(t)$ 成立，则称 $\{\mathcal{F}(t)\}$ 所构成的 σ - 代数族是一个**域流**.

简而言之，$\mathcal{F}(t)$ 可看作 $[0, t]$ 时间段的所有信息. 随着时间的推移，信息量逐渐增加，体现为新时刻包含了旧时刻的所有信息. 由这些信息所组成的序列 $\{\mathcal{F}(0), \mathcal{F}(1), \cdots, \mathcal{F}(t)\}$ 构成了域流，相当于一串信息流，且 $\mathcal{F}(0) \subseteq \mathcal{F}(1) \subseteq \cdots \subseteq \mathcal{F}(t)$.

基于 σ - 代数 $\mathcal{F}$ 和 $\mathcal{G}$ 所描述的信息，根据条件期望的性质，可以得到如下结论：

(1) 对于可积随机变量 X 和 Y，

$$E(c_1X + c_2Y \mid \mathcal{F}) = c_1E(X \mid \mathcal{F}) + c_2E(Y \mid \mathcal{F}).$$

(2) 若 X 和 Y 是可积随机变量，XY 可积，且 X 是 $\mathcal{F}$ 可测的，则
$$E(XY \mid \mathcal{F}) = XE(Y \mid \mathcal{F}),$$
$$E(X \mid \mathcal{F}) = X.$$

由于 X 是 $\mathcal{F}$ 可测的，因此 $\mathcal{F}$ 中所包含的信息足以确定 X 的值.

(3) 若可积随机变量 X 和 $\mathcal{F}$ 独立，则
$$E(X \mid \mathcal{F}) = EX.$$

由于 X 与 $\mathcal{F}$ 独立，因此 $\mathcal{F}$ 中所包含的信息无法确定 X 的值.

(4) 若 $\mathcal{F} \subset \mathcal{G}$，则对于可积随机变量 X，
$$E[E(X \mid \mathcal{G}) \mid \mathcal{F}] = E(X \mid \mathcal{F}).$$

这里，由于 $\mathcal{F} \subset \mathcal{G}$，因此 $\mathcal{F}$ 中所包含的信息要小于 $\mathcal{G}$，于是最终的条件期望取决于信息量较少的 $\mathcal{F}$.

(5) 若 $\phi(x)$ 是关于 x 的凸函数，且 X 是可积随机变量，则
$$E[\phi(X) \mid \mathcal{F}] \geq \phi[E(X \mid \mathcal{F})].$$

该结论是条件期望的 Jensen 不等式的推广.

定义 6.5 若概率空间 $\{\Omega, \mathcal{F}, \mathbb{P}\}$ 上的随机过程 $\{M_t\}$ 满足以下条件，则称其为关于域流 $\{\mathcal{F}(t)\}$ 和概率测度 $\mathbb{P}$ 的**连续鞅**.

(1) $\forall t$，$E|M_t| < \infty$，即 M_t 是可积的；

(2) $\forall t$，M_t 均是 $\mathcal{F}(t)$ 可测的；

(3) 若 $s < t$，则 $E[M_t \mid \mathcal{F}(s)] = M_s$（以概率 1 成立）.

上述定义中的第(3)点意味着在当前信息 $\mathcal{F}(s)$ 的条件下，未来时刻 t 的随机过程 M_t 的期望值等于当前时刻 s 的取值 M_s. 另外，还需要指出的是，(3) 中的公式与 $E[M_t - M_s \mid \mathcal{F}(s)] = 0$ 和 $E\left[\dfrac{M_t}{M_s} \mid \mathcal{F}(s)\right] = 1$ 分别等价.

例 6.4 假设 Poisson 过程 $\{N(t), t \geq 0\}$ 的强度为 λ，试证明 $\{N(t) - \lambda t\}$ 是一个鞅.

证明 设 $s < t$，记 $X(t) = N(t) - \lambda t$，则
$$E[X(t) - X(s) \mid \mathcal{F}(s)] = E\{[N(t) - \lambda t] - [N(s) - \lambda s] \mid \mathcal{F}(s)\}$$
$$= E\{[N(t) - N(s)] \mid \mathcal{F}(s)\} - (\lambda t - \lambda s).$$

根据 Poisson 过程的独立增量性，$N(t) - N(s)$ 与 $\mathcal{F}(s)$ 独立，因此
$$E[X(t) - X(s) \mid \mathcal{F}(s)] = E[N(t) - N(s)] - (\lambda t - \lambda s)$$

$= EN(t) - EN(s) - (\lambda t - \lambda s) = \lambda t - \lambda s - (\lambda t - \lambda s) = 0.$

另外，$E|X(t)| = E|N(t) - \lambda t| \leqslant E[N(t) + \lambda t] = E[N(t)] + \lambda t = 2\lambda t < \infty.$

所以 $\{N(t) - \lambda t\}$ 是一个鞅.

定义 6.6　对于随机过程 $\{M_t\}$，若 $s < t$ 且 $E[M_t | \mathcal{F}(s)] \geqslant M_s$，则称 $\{M_t\}$ 为**下鞅**；若 $s < t$ 且 $E[M_t | \mathcal{F}(s)] \leqslant M_s$，则称 $\{M_t\}$ 为**上鞅**.

由定义可以直接得到以下性质：

性质 6.1　(1) $\{M_t\}$ 是上鞅当且仅当 $\{-M_t\}$ 是下鞅；

(2) $\{M_t\}$ 是鞅当且仅当 $\{M_t\}$ 既是上鞅又是下鞅.

为了说明以上两个概念的含义，对上式两端取期望. 根据条件期望的性质 (3)，对于下鞅而言，$E(M_t) \geqslant E(M_s)$，$s < t$，这意味着随着时间的流逝，M_t 的期望值趋向于增大；相反，对于上鞅，M_t 的期望值趋向于减小.

对于公平赌博而言，赌徒赢钱的期望值不随时间而发生改变，因此是鞅. 相比之下，上鞅则意味着赌徒赢钱的期望值随时间而减小，因此是亏本的赌博 (劣赌)；下鞅则意味着赌徒赢钱的期望值随时间而增大，因此是盈利的赌博 (优赌).

定理 6.4　若 $\{M_t\}$ 是鞅，$\phi(\cdot)$ 是一个凸函数，则 $\{\phi(M_t)\}$ 是一个下鞅.

证明　利用 Jensen 不等式，假设 $s < t$，可得

$$E[\phi(M_t) | \mathcal{F}(s)] \geqslant \phi\{E[M_t | \mathcal{F}(s)]\} = \phi(M_s),$$

其中，$E[M_t | \mathcal{F}(s)] = M_s$ 来自鞅的定义. 因此 $\{\phi(M_t)\}$ 是一个下鞅.

例 6.5　证明：布朗运动是鞅.

证明　对于布朗运动 $\{B(t)\}$ 而言，当 $0 < s < t$ 时，可得：

$$E[B(t) | \mathcal{F}(s)] = E[B(t) - B(s) + B(s) | \mathcal{F}(s)]$$

$$= E[B(t) - B(s) | \mathcal{F}(s)] + E[B(s) | \mathcal{F}(s)]$$

$$= E[B(t) - B(s)] + B(s) = B(s),$$

其中，$B(t) - B(s)$ 与 $\mathcal{F}(s)$ 独立，且 $B(s)$ 是 $\mathcal{F}(s)$ 可测的.

另外，$E|B(t)| = \int_{-\infty}^{+\infty} |x| \frac{1}{\sqrt{2\pi t}} \exp\left(-\frac{x^2}{2t}\right) \mathrm{d}x = \int_0^{+\infty} \frac{2x}{\sqrt{2\pi t}} \exp\left(-\frac{x^2}{2t}\right) \mathrm{d}x$

$$= -\frac{2t}{\sqrt{2\pi t}} \mathrm{e}^{-\frac{x^2}{2t}} \bigg|_0^{+\infty} = \sqrt{\frac{2t}{\pi}} < \infty.$$

因此，布朗运动 $\{B(t)\}$ 是关于 $F(t)$ 的鞅.

例 6.6 假设 $X(t) = B^2(t) - t$, $t > 0$. 证明：$\{X(t)\}$ 是关于布朗运动的鞅.

证明 对于 $0 < s < t$, $E[B(t) \mid \mathcal{F}(s)] = B(s)$. 因此

$$E[X(t) \mid \mathcal{F}(s)] = E[B^2(t) - t \mid \mathcal{F}(s)]$$

$$= E\{[B(t) - B(s) + B(s)]^2 \mid \mathcal{F}(s)\} - t$$

$$= E\{[B(t) - B(s)]^2 + 2B(s)[B(t) - B(s)] + B^2(s) \mid \mathcal{F}(s)\} - t$$

$$= E\{[B(t) - B(s)]^2 \mid \mathcal{F}(s)\} + 2E\{B(s)[B(t) - B(s)] \mid \mathcal{F}(s)\}$$
$$+ E[B^2(s) \mid \mathcal{F}(s)] - t,$$

其中，$B(t) - B(s)$ 与 $\mathcal{F}(s)$ 独立，且 $B(s)$ 是 $\mathcal{F}(s)$ 可测的. 因此

$$E\{[B(t) - B(s)]^2 \mid \mathcal{F}(s)\} = E[B(t) - B(s)]^2 = t - s,$$

$$E\{B(s)[B(t) - B(s)] \mid \mathcal{F}(s)\} = B(s)E[B(t) - B(s)] = 0,$$

$$E[B^2(s) \mid \mathcal{F}(s)] = B^2(s).$$

从而 $E[X(t) \mid \mathcal{F}(s)] = t - s + 0 + B^2(s) - t = B^2(s) - s = X(s)$.

另外，$E|X(t)| = E|B^2(t) - t| \leqslant E[B^2(t) + t] = E[B^2(t)] + t = 2t < \infty$.
因此，$\{X(t)\}$ 是关于布朗运动的鞅.

需要说明的是，这里的 $X(t) = B^2(t) - t$ 被称为二次鞅.

例 6.7 令 $G(t) = G(0)e^{X(t)}$，其中，$\{X(t)\}$ 是有漂移的布朗运动，其漂移率是 μ，波动率是 σ，即 $X(t) = \mu t + \sigma B(t)$，其中，$\{B(t)\}$ 是标准布朗运动. 记 $r = \mu + 0.5\sigma^2$，试证：$\{e^{-rt}G(t)\}$ 是关于标准布朗运动 $\{B(t)\}$ 的鞅.

证明 对于 $0 < s < t$,

$$E[e^{-rt}G(t) \mid \mathcal{F}(s)] = e^{-rt}E[G(0)e^{\mu t + \sigma B(t)} \mid \mathcal{F}(s)]$$

$$= G(0)e^{-rt}E[e^{\mu(t-s) + \sigma[B(t) - B(s)]} \cdot e^{\mu s + \sigma B(s)} \mid \mathcal{F}(s)]$$

$$= G(0)e^{-rt} \cdot e^{\mu s + \sigma B(s)}E[e^{\mu(t-s) + \sigma[B(t) - B(s)]}]$$

$$= G(0)e^{-rt} \cdot e^{\mu s + \sigma B(s)} \cdot e^{\mu(t-s)}E[e^{\sigma[B(t) - B(s)]}]$$

$$= G(0)e^{-rt} \cdot e^{\mu t + \sigma B(s)}E[e^{\sigma B(t-s)}].$$

下面我们来求解 $E[e^{\sigma B(t-s)}]$.

由于 $B(u)$ 服从 $N(0, u)$，故 $Y(u) = \sigma B(u)$ 服从 $N(0, \sigma^2 u)$.

$$E[e^{Y(u)}] = \int_{-\infty}^{+\infty} e^x f(x) \mathrm{d}x = \int_{-\infty}^{+\infty} e^x \frac{1}{\sqrt{2\pi\sigma^2 u}} \exp\left(-\frac{x^2}{2\sigma^2 u}\right) \mathrm{d}x$$

$$= \int_{-\infty}^{+\infty} \frac{1}{\sqrt{2\pi\sigma^2 u}} \exp\left(- \frac{(x - \sigma^2 u)^2 - \sigma^4 u^2}{2\sigma^2 u} \right) \mathrm{d}x$$

$$= \exp\left(\frac{1}{2}\sigma^2 u \right) \int_{-\infty}^{+\infty} \frac{1}{\sqrt{2\pi\sigma^2 u}} \exp\left(- \frac{(x - \sigma^2 u)^2}{2\sigma^2 u} \right) \mathrm{d}x$$

$$= \exp\left(\frac{1}{2}\sigma^2 u \right).$$

因此,

$$E[\mathrm{e}^{\sigma B(t-s)}] = \exp\left[\frac{1}{2}\sigma^2(t - s) \right].$$

$$E[\mathrm{e}^{-rt}G(t) \mid \mathcal{F}(s)] = G(0)\mathrm{e}^{-(\mu + 0.5\sigma^2)t} \cdot \mathrm{e}^{\mu t + \sigma B(s)} \cdot \exp\left[\frac{1}{2}\sigma^2(t - s) \right]$$

$$= G(0)\exp\left[- \frac{1}{2}\sigma^2 s + \sigma B(s) \right]$$

$$= G(0)\exp\left[- \left(\mu + \frac{1}{2}\sigma^2 \right)s + \mu s + \sigma B(s) \right]$$

$$= \mathrm{e}^{-rs} \cdot G(0)\mathrm{e}^{X(s)} = \mathrm{e}^{-rs}G(s).$$

另外, $E \mid \mathrm{e}^{-rt}G(t) \mid = E \mid \mathrm{e}^{-rt}G(0)\mathrm{e}^{\mu t + \sigma B(t)} \mid = \mathrm{e}^{(\mu - r)t} \mid G(0) \mid \exp\left(\frac{1}{2}\sigma^2 t \right) < \infty.$

从而 $\mathrm{e}^{-rt}G(t)$ 是关于标准布朗运动 $\{B(t)\}$ 的鞅.

需要说明的是, 这里的 $\{G(t)\}$ 是几何布朗运动, 对应的 $\{\mathrm{e}^{-rt}G(t)\}$ 是几何布朗运动的贴现过程.

例 6.8 已知布朗运动 $\{B(t), t \geq 0\}$ 关于 $\mathcal{F}(t)$ 可测, 证明: $Z(t) = \exp\left[\sigma B(t) - \frac{1}{2}\sigma^2 t \right]$, σ 是常数, $\{Z(t), t \geq 0\}$ 是鞅.

证明 对于 $0 < s < t$,

$$E[Z(t) \mid \mathcal{F}(s)] = E\left\{ \exp\left[\sigma B(t) - \frac{1}{2}\sigma^2 t \right] \mid \mathcal{F}(s) \right\}$$

$$= E\{\exp\{\sigma[B(t) - B(s)]\}\} \cdot \exp\left[\sigma B(s) - \frac{1}{2}\sigma^2 t \right] \mid \mathcal{F}(s)\}$$

$$= \exp\left[\sigma B(s) - \frac{1}{2}\sigma^2 t \right] E\{\exp\{\sigma[B(t) - B(s)]\}\} \mid \mathcal{F}(s)\}$$

$$= \exp\left[\sigma B(s) - \frac{1}{2}\sigma^2 t\right] E\exp\{\sigma[B(t) - B(s)]\}$$

$$= \exp\left[\sigma B(s) - \frac{1}{2}\sigma^2 t\right] E\exp[\sigma B(t - s)]$$

$$= \exp\left[\sigma B(s) - \frac{1}{2}\sigma^2 t\right] \exp\left[\frac{1}{2}\sigma^2(t - s)\right]$$

$$= \exp\left[\sigma B(s) - \frac{1}{2}\sigma^2 s\right] = Z(s).$$

另外，$E\mid Z(t)\mid = E\{\exp[\sigma B(t) - \frac{1}{2}\sigma^2 t]\} = \exp(-\frac{1}{2}\sigma^2 t)E\{\exp[\sigma B(t)]\}$

$$= \exp\left(-\frac{1}{2}\sigma^2 t\right) \exp\left(\frac{1}{2}\sigma^2 t\right) = 1 < \infty.$$

因此，$\{Z(t), t \geqslant 0\}$ 是鞅.

需要说明的是，这里的 $\{Z(t), t \geqslant 0\}$ 也称作指数鞅.

6.4 Doob 可选抽样定理

定义 6.7 一个定义在正实数域上的随机变量 T，事件 $\{T = n\}$ 发生（或者不发生）可以通过观察随机过程直到时刻 n 的值 $X_0, \cdots, X_n$ 来决定，则称 T 是**停时**.

我们可以从直观上来理解停时的概念. 停时可看作一种停止观察随机过程的"规则". 例如，"击鼓传花"游戏中"鼓停花落"就是一个停时规则.

停时具有以下初等性质：

(1) 如果 S 和 T 是停时，则 $S + T$ 也是停时.

(2) 记 $S \wedge T = \min\{S, T\}$，$S \vee T = \max\{S, T\}$，则 $S \wedge T$ 和 $S \vee T$ 也是停时.

(3) 如果 T 是停时，则对任何固定的 $n = 0, 1, \cdots$，$T \wedge n$ 也是停时.

定义 6.8 $\{Z_t\}$ 是定义在正实数域上的随机过程，并且 T 是其上的停时，则定义**停止过程** $\{Z_{t \wedge T}\}$ 如下：

$$Z_{t \wedge T} = \begin{cases} Z_T, & t \geqslant T, \\ Z_t, & t < T. \end{cases}$$

此处的停止过程在金融衍生产品的研究中常用于刻画障碍期权问题，比如对于其中的敲出期权而言，当标的资产的价格达到障碍价格时，该期权自动废止，相应的资产价格变动的过程停留在期权废止的时间，此时停止的时间 T 小于等于期权的期限 t；若在该期权到期前，标的资产价格一直未达到障碍价格时，该期权将在到期日 t 终止，于是标的资产达到期权障碍价格的时间 T 必然大于 t.

定理 6.5 Doob 可选抽样定理 假设随机过程 $\{M_t\}$ 及其停时 T 均是 $\mathcal{F}(t)$ 可测的. 若 $\{M_t\}$ 是鞅，则停止过程 $\{M_{t \wedge T}, \ t \geq 0\}$ 也是鞅.

证明 此处基于离散鞅进行证明.

由鞅的定义可知，$E[M_t \mid \mathcal{F}(t-1)] = M_{t-1}$.

停止过程 $\{M_{t \wedge T}, \ t \geq 0\}$ 可以拆分成两个部分，具体表示如下：

$$M_{t \wedge T} = M_T \mathbf{1}_{\{T < t\}} + M_t \mathbf{1}_{\{T \geq t\}} = \begin{cases} M_T, & t > T, \\ M_t, & t \leq T, \end{cases}$$

其中，$M_T \mathbf{1}_{\{T < t\}} = \sum_{n=1}^{t-1} M_n \mathbf{1}_{\{T = n\}}$.

因此，

$$E[M_{t \wedge T} \mid \mathcal{F}(t-1)] = E[M_T \mathbf{1}_{\{T < t\}} \mid \mathcal{F}(t-1)] + E[M_t \mathbf{1}_{\{T \geq t\}} \mid \mathcal{F}(t-1)]$$

$$= \sum_{n=1}^{t-1} E[M_n \mathbf{1}_{\{T = n\}} \mid \mathcal{F}(t-1)] + E[M_t \mathbf{1}_{\{T \geq t\}} \mid \mathcal{F}(t-1)].$$

由于 $n \leq t-1$，故 $M_n \mathbf{1}_{\{T=n\}}$ 是 $\mathcal{F}(t-1)$ 可测，另外 $\mathbf{1}_{\{T \geq t\}} = 1 - \mathbf{1}_{\{T \leq t-1\}}$，因此也是 $\mathcal{F}(t-1)$ 可测. 从而

$$E[M_{t \wedge T} \mid \mathcal{F}(t-1)] = \sum_{n=1}^{t-1} M_n \mathbf{1}_{\{T=n\}} + \mathbf{1}_{\{T \geq t\}} E[M_t \mid \mathcal{F}(t-1)]$$

$$= \sum_{n=1}^{t-1} M_n \mathbf{1}_{\{T=n\}} + \mathbf{1}_{\{T \geq t\}} M_{t-1}$$

$$= \sum_{n=1}^{t-2} M_n \mathbf{1}_{\{T=n\}} + \mathbf{1}_{\{T=t-1\}} M_{t-1} + \mathbf{1}_{\{T \geq t\}} M_{t-1}$$

$$= \sum_{n=1}^{t-2} M_n \mathbf{1}_{\{T=n\}} + M_{t-1} \mathbf{1}_{\{T \geq t-1\}}$$

$$= M_T \mathbf{1}_{\{T < t-1\}} + M_{t-1} \mathbf{1}_{\{T \geq t-1\}}$$

$$= M_{(t-1) \wedge T}.$$

因此，停止过程 $\{M_{t \wedge T}, \ t \geq 0\}$ 也是鞅. ∎

特别地, 对任意停时 $0 < T \leqslant t$, 可得:

$$E(M_T) = E(M_{T \wedge t}) = E(M_{T \wedge 0}) = E(M_0).$$

下面通过几个例子来介绍 Doob 可选抽样定理的应用.

例 6.9 假设 a 和 b 是两个端点, 且 $a < b$. 假设布朗运动 $\{X(t)\}$ 在时刻 0 位于 x 处, 且 $a \leqslant x \leqslant b$, 其形式如下: $X(t) = x + B(t)$, 则布朗运动 $\{X(t)\}$ 首次击中 a 和 b 的概率分别是多少?

解 记布朗运动首次击中 a 或 b 的时间为 $T_{a, b}$, 该时刻为停时,

$$T_{a, b} = \min\{t: \ t > 0, \ X(t) = a, \ b\}.$$

由于 $\{X(t)\}$ 是鞅, 因此根据 Doob 可选抽样定理, 停止过程 $\{X(T_{a, b} \wedge t)\}$ 也是鞅. 另外, $X(0) = x$, $a \leqslant x \leqslant b$, 因此, 有

$$E[X(T_{a, b}) \mid X(0) = x] = E[X(0) \mid X(0) = x] = x.$$

又由期望定义, 得

$$E[X(T_{a, b}) \mid X(0) = x]$$
$$= a \cdot P[X(T_{a, b}) = a \mid X(0) = x] + b \cdot P[X(T_{a, b}) = b \mid X(0) = x].$$

从而, $a \cdot P[X(T_{a, b}) = a \mid X(0) = x] + b \cdot P[X(T_{a, b}) = b \mid X(0) = x] = x$.

又 $P[X(T_{a, b}) = a \mid X(0) = x] + P[X(T_{a, b}) = b \mid X(0) = x] = 1$, 因此

$$P[X(T_{a, b}) = a \mid X(0) = x] = \frac{b - x}{b - a}, \ P[X(T_{a, b}) = b \mid X(0) = x] = \frac{x - a}{b - a}.$$

例 6.10 假设 a 和 b 是两个端点, 且 $a < b$. 又假设布朗运动 $\{X(t)\}$ 在时刻 0 位于 x 处, 且 $a \leqslant x \leqslant b$, 其形式如下: $X(t) = x + B(t)$, 求布朗运动 $\{X(t)\}$ 首次击中 a 或 b 的期望时间.

解 根据例 6.6 知, $\{B^2(t) - t\}$ 是鞅. 因此

$$E[X^2(t) - t \mid X(0) = x] = E[X^2(0) - 0 \mid X(0) = x] = X^2(0) = x^2.$$

根据 Doob 可选抽样定理, 停止过程 $\{X^2(T_{a, b}) - T_{a, b}\}$ 也是鞅.

因此

$$x^2 = E\{X^2(T_{a, b}) - T_{a, b} \mid X(0) = x\}$$
$$= E\{X^2(T_{a, b}) \mid X(0) = x\} - E\{T_{a, b} \mid X(0) = x\},$$

其中,

$$E\{X^2(T_{a, b}) \mid X(0) = x\}$$
$$= a^2 \cdot P\{X(T_{a, b}) = a \mid X(0) = x\} + b^2 \cdot P\{X(T_{a, b}) = b \mid X(0) = x\}$$

$$= a^2 \cdot \frac{b - x}{b - a} + b^2 \cdot \frac{x - a}{b - a}.$$

所以，$E\{T_{a, b} \mid X(0) = x\} = a^2 \cdot \dfrac{b - x}{b - a} + b^2 \cdot \dfrac{x - a}{b - a} - x^2 = (b - x)(x - a).$

例 6.11 假设 a 和 b 是两个端点，且 $a < b$. 又假设带漂移的布朗运动 $\{X(t)\}$ 在时刻 0 位于 x 处，且 $a \leqslant x \leqslant b$，其形式如下：$X(t) = x + B(t) + \mu t$，则 $\{X(t)\}$ 首次击中 a 和 b 的概率分别是多少？

解 由于带漂移的布朗运动不是鞅，因此需要对其进行变换. 构造

$$M(t) = \exp\left[\sigma B(t) - \frac{1}{2}\sigma^2 t\right],$$

根据例 6.8 知，$\{M(t)\}$ 是鞅. 根据 Doob 可选抽样定理，停止过程 $\{M(T_{a, b} \wedge t)\}$ 也是鞅. 因此 $E[M(T_{a, b} \wedge t)] = E[M(T_{a, b})] = E[M(0)] = 1$.

令 $\sigma = -2\mu$，则有

$$\exp[\sigma X(t)] = \exp[\sigma x + \sigma B(t) + \sigma \mu t]$$

$$= \exp\left[\sigma x + \sigma B(t) - \frac{1}{2}\sigma^2 t\right]$$

$$= e^{\sigma x} M(t).$$

因此，$M(t) = e^{-\sigma x} \cdot e^{\sigma X(t)}$.

根据期望定义，可得

$$E[M(T_{a, b})] = e^{-\sigma x} E[e^{\sigma X(T_{a, b})}]$$

$$= e^{-\sigma x}[e^{\sigma a} \cdot P\{X(T_{a, b}) = a \mid X(0) = x\} + e^{\sigma b} \cdot P\{X(T_{a, b}) = b \mid X(0) = x\}]$$

$$= e^{\sigma(a-x)} \cdot P\{X(T_{a, b}) = a \mid X(0) = x\} + e^{\sigma(b-x)} \cdot P\{X(T_{a, b}) = b \mid X(0) = x\}.$$

从而 $e^{\sigma(a-x)} \cdot P\{X(T_{a, b}) = a \mid X(0) = x\} + e^{\sigma(b-x)} \cdot P\{X(T_{a, b}) = b \mid X(0) = x\} = 1$，且

$$P[X(T_{a, b}) = a \mid X(0) = x] + P[X(T_{a, b}) = b \mid X(0) = x] = 1,$$

因此

$$P[X(T_{a, b}) = a \mid X(0) = x] = \frac{e^{\sigma b} - e^{\sigma x}}{e^{\sigma b} - e^{\sigma a}} = \frac{e^{-2\mu b} - e^{-2\mu x}}{e^{-2\mu b} - e^{-2\mu a}},$$

$$P[X(T_{a, b}) = b \mid X(0) = x] = \frac{e^{\sigma x} - e^{\sigma a}}{e^{\sigma b} - e^{\sigma a}} = \frac{e^{-2\mu x} - e^{-2\mu a}}{e^{-2\mu b} - e^{-2\mu a}}.$$

6.5　习　　题

1. 设 $\{X_n,\ n \geqslant 0\}$ 是一个随机过程, 而 Y 是满足 $E\,|\,Y\,| < \infty$ 的一个随机变量. 令 $Y_n = E(Y\,|\,X_n,\ X_{n-1},\ \cdots,\ X_0)$, 证明 $\{Y_n,\ n \geqslant 0\}$ 是关于 $\{X_n,\ n \geqslant 0\}$ 的鞅(此鞅也被称为 Doob 鞅).

2. 设 $\{Y_n,\ n \geqslant 0\}$ 是一列独立同分布的随机变量, f_0 和 f_1 是两个概率密度函数, 且 $\forall y,\ f_0(y) > 0$. 令 $X_n = \dfrac{f_1(Y_0)f_1(Y_1)\cdots f_1(Y_n)}{f_0(Y_0)f_0(Y_1)\cdots f_0(Y_n)},\ n \geqslant 0$, 证明当 Y_n 的概率密度函数为 f_0 时, $\{X_n,\ n \geqslant 0\}$ 关于 $\{Y_n,\ n \geqslant 0\}$ 是鞅(此鞅是似然比构成的鞅).

3. 设 $X_0 = 0$, $\{X_n,\ n \geqslant 1\}$ 是一列独立同分布的随机变量, 且 $EX_n = 0$, $|\,EX_n\,| < \infty$. 令 $S_n = \sum_{k=1}^{n} X_k$, $S_0 = 0$, 并记 $\mathcal{F}_n = \sigma(X_1,\ X_2,\ \cdots,\ X_n)$, 证明 $\{S_n,\ n \geqslant 0\}$ 关于 $\{\mathcal{F}_n,\ n \geqslant 0\}$ 是鞅. 进一步, 如果 $EX_n^2 = \sigma^2$, 并令 $M_n = \left(\sum_{k=1}^{n} X_k\right)^2 - n\sigma^2$, $M_0 = 0$, 证明 $\{M_n,\ n \geqslant 0\}$ 关于 $\{\mathcal{F}_n,\ n \geqslant 0\}$ 是鞅.

4. 设开始时刻第 0 代有一个细胞, 在下一个整数时刻分裂为第一代的细胞后死去, 各个新细胞又按相同的规律独立地在下一个整数时刻再进行同样方式的分裂. 记第 n 代第 k 个细胞分裂的个数为随机变量 $X(n,\ k)$, 它们是独立同分布的, 且假定它们有期望 μ. 设经过第 n 代分裂后的细胞总数为 S_n, 则 $S_0 = 1$, $S_n = \sum_{k=1}^{S_{n-1}} X(n,\ k)$. 试证明 $\left\{\dfrac{S_n}{\mu^n},\ n \geqslant 0\right\}$ 关于 $\{S_n,\ n \geqslant 0\}$ 是鞅(此鞅也被称为分支鞅).

习 题 解 答

第 1 章

1.(1) **证明**　不妨设 $t_1 \leqslant t_2 \leqslant t_3$，则 $\max\{t_1,\ t_2,\ t_3\} = t_3$.

$t_1 + t_2 + t_3 - \min\{t_1,\ t_2\} - \min\{t_1,\ t_3\} - \min\{t_2,\ t_3\} + \min\{t_1,\ t_2,\ t_3\}$

$= t_1 + t_2 + t_3 - t_1 - t_1 - t_2 + t_1 = t_3 = \max\{t_1,\ t_2,\ t_3\}$.

(2) **解**

$E\max\{T_1,\ T_2,\ T_3\}$

$= ET_1 + ET_2 + ET_3 - E\min\{T_1,\ T_2\} - E\min\{T_1,\ T_3\} - E\min\{T_2,\ T_3\}$

$\quad + E\min\{T_1,\ T_2,\ T_3\}$

$= \dfrac{1}{\lambda_1} + \dfrac{1}{\lambda_2} + \dfrac{1}{\lambda_3} - \dfrac{1}{\lambda_1 + \lambda_2} - \dfrac{1}{\lambda_1 + \lambda_3} - \dfrac{1}{\lambda_2 + \lambda_3} + \dfrac{1}{\lambda_1 + \lambda_2 + \lambda_3}$.

2. **解法一**　设第 i 个人钓到鱼的等待时间为 $T_i \sim E(2)$，$i = 1,\ 2,\ 3$，则 $\min\{T_1,\ T_2,\ T_3\} \sim E(2 + 2 + 2)$.

$E\max\{T_1,\ T_2,\ T_3\} = ET_1 + ET_2 + ET_3 - E\min\{T_1,\ T_2\} - E\min\{T_1,\ T_3\}$

$\qquad\qquad - E\min\{T_2,\ T_3\} + E\min\{T_1,\ T_2,\ T_3\}$

$\qquad\qquad = \dfrac{1}{2} \times 3 - \dfrac{1}{4} \times 3 + \dfrac{1}{6} = \dfrac{11}{12}$.

解法二　每个人至少钓到一条鱼，意味着首先三人中有一人钓到一条鱼，接下来两人中有一人钓到鱼，最后一人钓到鱼.

首先三人中有一人钓到一条鱼，$E\min\{T_1,\ T_2,\ T_3\} = \dfrac{1}{2 + 2 + 2} = \dfrac{1}{6}$.

94

接下来两人中有一人钓到鱼，$E\min\{T_i, T_j\} = \dfrac{1}{2+2} = \dfrac{1}{4}$.

最后一人钓到鱼，$ET_i = \dfrac{1}{2}$.

因此，$\dfrac{1}{6} + \dfrac{1}{4} + \dfrac{1}{2} = \dfrac{11}{12}$.

3. **解** 设 A 修完指甲的时刻为 T_1，$T_1 \sim E\left(\dfrac{1}{20}\right)$，B 理完发的时刻为 T_2，$T_2 \sim E\left(\dfrac{1}{30}\right)$.

(1) $P\{\min(T_1, T_2) = T_1\} = \dfrac{\dfrac{1}{20}}{\dfrac{1}{20} + \dfrac{1}{30}} = \dfrac{3}{5}$.

(2) $E\max\{T_1, T_2\} = ET_1 + ET_2 - E\min\{T_1, T_2\} = 20 + 30 - \dfrac{1}{\dfrac{1}{20} + \dfrac{1}{30}} = 38$.

4. **解** 设 S_1 是在 1 号服务员处接受服务的时间，S_2 是在 2 号服务员处接受服务的时间，W_1 是在 1 号服务员处等待的时间，W_2 是在 2 号服务员处等待的时间.

$$ET = EW_1 + ES_1 + EW_2 + ES_2 = 6 + 6 + 3 \times \dfrac{\dfrac{1}{6}}{\dfrac{1}{6} + \dfrac{1}{3}} + 3 = 16.$$

5. **解** 设 A，B，C 三人在服务窗口完成业务所需时间分别为 T_1，T_2，T_3，且 $\lambda_i = \dfrac{1}{4}$，$i = 1, 2, 3$.

(1) $E\min(T_1, T_2) + ET_3 = \dfrac{1}{\lambda_1 + \lambda_2} + \dfrac{1}{\lambda_3} = 2 + 4 = 6$，因此 C 完成他的业务所需总时间的期望是 6 分钟.

(2) A 和 B 中一人完成业务离开后，剩下一人 C 办理业务.

$$E\min(T_1, T_2) + E\max(T_i, T_3) = \dfrac{1}{\lambda_1 + \lambda_2} + \dfrac{1}{\lambda_i} + \dfrac{1}{\lambda_3} - \dfrac{1}{\lambda_i + \lambda_3} = 4 + 4 = 8,$$

因此直到三个顾客都离开时需要总时间的期望是 8 分钟.

$(3) P(T_i < T_3) = \dfrac{\lambda_i}{\lambda_i + \lambda_3} = 0.5$，因此 C 是最后一个离开的概率是 0.5.

6. 解 $(1) N(t) \sim P(3t)$，$P\{N(2) = 0\} = \dfrac{6^0}{0!}\mathrm{e}^{-6}$.

(2) 等待时间服从参数为 3 的指数分布.

7. 解 $(1) 1 - P\left\{N\left(\dfrac{1}{12}\right) = 0\right\} = 1 - \dfrac{\left(\dfrac{1}{12} \times 6\right)^0 \mathrm{e}^{-\frac{1}{2}}}{0!} = 1 - \mathrm{e}^{-\frac{1}{2}}$；

$(2) 1 - P\left\{N\left(\dfrac{1}{30}\right) = 0\right\} = 1 - \dfrac{\left(\dfrac{1}{30} \times 6\right)^0 \mathrm{e}^{-\frac{1}{5}}}{0!} = 1 - \mathrm{e}^{-\frac{1}{5}}$.

8. 解 设第 i 名顾客取出的现金为 Y_i，取出的现金总数为 S，则

$S = Y_1 + Y_2 + \cdots + Y_{N(t)}$，$ES = EN(t) \cdot EY_i = 10 \times 8 \times 3000 = 240000(元)$；

$DS = EN(t) \cdot DY_i + DN(t) \cdot (EY_i)2 = 10 \times 8 \times 2000^2 + 10 \times 8 \times 3000^2$

$\quad = 1.04 \times 10^9$；

$\sqrt{DS} \approx 32249(元)$.

9. 解 设 $N_1(t)$ 表示 t 时刻钓到的鲫鱼数，$N_2(t)$ 表示 t 时刻钓到的鲢鱼数.

$P(N_1(2.5) = 1, N_2(2.5) = 2) = P(N_1(2.5) = 1) \cdot P(N_2(2.5) = 2)$

$\qquad = \dfrac{2^1}{1!}\mathrm{e}^{-2} \dfrac{3^2}{2!}\mathrm{e}^{-3}$

$\qquad = 9\mathrm{e}^{-5}$.

10. 解 $(1) EN = 200\lambda \times 0.9 = 180\lambda$.

$(2) EN = 180\lambda = 108$，则 $\lambda = 0.6$.

没有发现的错误数为 $200 \times 0.6 - 108 = 12$.

11. 解 (1) 灯泡烧坏会被更换，同时只要勤杂工到达也会更换灯泡，因此更换灯泡的速率 λ 应为灯泡烧坏的速率与勤杂工到达速率的叠加. $\lambda = \dfrac{1}{200} + 0.01$

$= 0.015$，因此更换灯泡的平均时间为 $\dfrac{1}{0.015} = 66.67(天)$.

(2) 从长远看，由于灯泡损坏而更换的比例是 $\dfrac{0.005}{0.005 + 0.01} = \dfrac{1}{3}$.

12. 解 $(1)\, P(N(2)=2 \mid N(5)=2) = \binom{2}{2}\left(\frac{2}{5}\right)^2\left(1-\frac{2}{5}\right)^0 = \frac{4}{25}.$

$(2)\, 1 - P(N(2)=0 \mid N(5)=2) = 1 - \binom{2}{0}\left(\frac{2}{5}\right)^0\left(1-\frac{2}{5}\right)^2 = \frac{16}{25}.$

第 2 章

1. 解 $\dfrac{\mu_F}{\mu_F + \mu_G} = \dfrac{11}{11+3} = \dfrac{11}{14}.$

2. 解 $\dfrac{\mu_F}{\mu_F + \mu_G} = \dfrac{4}{4+1} = \dfrac{4}{5}.$

3. 解 (1) 班车在机场停留时间的平均时间为 $\frac{1}{10} \times 7 = 0.7$(小时),因此顾客最终去希尔顿酒店的比例是 $\dfrac{10 \times 0.7}{10 \times (0.7+0.6)} = \dfrac{7}{13}.$

(2) 设第 i 名顾客和第 $i+1$ 名顾客到达的时间间隔为 τ_i,则班车上所有顾客等待总时间的期望是 $E\left(\sum_{i=2}^{7}\tau_i + \sum_{i=3}^{7}\tau_i + \cdots + \sum_{i=6}^{7}\tau_i + \tau_7\right) = 126$(分钟),因此一个去希尔顿酒店的顾客在班车上等待出发所需的平均时间是 $\dfrac{126}{7} = 18$(分钟).

4. 解 $\dfrac{Er_1}{Et_1} = \dfrac{80}{15}$, $\dfrac{Er_2}{Et_2} = \dfrac{300}{40}$, $0.9 \times \dfrac{80}{15} + 0.1 \times \dfrac{300}{40} = 5.55$(元 / 分钟).

5. 解 (1) $\dfrac{Er_i}{Et_i} = \dfrac{2P(t_i > 0.6)}{2}$

$$= 1 - (1 - e^{-0.5 \times 0.6}) = e^{-0.3}.$$

(2) $\dfrac{Es_i}{Es_i + Eu_i} = \pi(0)$,因此 $\dfrac{2}{2 + Eu_i} = 0.7 e^{-0.3}$,解得 $Eu_i = 2(e^{0.3} - 1).$

第 3 章

1. 解 不是 Markov 链.

$$P\{X_3 = 2 \mid X_2 = 1,\ X_1 = 2\} = P\{X_3 = Y_3 + Y_2 = 2 \mid Y_2 = 0,\ Y_1 = 1,\ Y_0 = 1\} =$$

$0,$

$$P\{X_3 = 2 \mid X_2 = 1\} = \frac{P\{X_3 = 2,\ X_2 = 1\}}{P\{X_2 = 1\}} = \frac{P\{Y_3 = Y_2 = 1,\ Y_1 = 0\}}{P\{X_2 = 1\}} = \frac{1/8}{1/2} =$$

$1/4,$

$P\{X_3 = 2 \mid X_2 = 1,\ X_1 = 2\} \neq P\{X_3 = 2 \mid X_2 = 1\}$，Markov 性不成立，故不是 Markov 链.

2. **解**　状态空间为 $\{0,\ 1,\ 2,\ 3,\ 4,\ 5\}$，

转移概率矩阵为
$$\begin{pmatrix} 0 & 1 & 0 & 0 & 0 & 0 \\ 1/25 & 8/25 & 16/25 & 0 & 0 & 0 \\ 0 & 4/25 & 12/25 & 9/25 & 0 & 0 \\ 0 & 0 & 9/25 & 12/25 & 4/25 & 0 \\ 0 & 0 & 0 & 16/25 & 8/25 & 1/25 \\ 0 & 0 & 0 & 0 & 1 & 0 \end{pmatrix}.$$

3. **解**

Y_n	2	3	4	5	6	7	8
$Y_n(\mathrm{mod}6)$	2	3	4	5	0	1	2
P	1/16	2/16	3/16	4/16	3/16	2/16	1/16

$Y_n(\mathrm{mod}6)$	0	1	2	3	4	5
P	3/16	2/16	2/16	2/16	3/16	4/16

$$P\{X_{n+1} = 0 \mid X_n = 0\} = P\{Y_{n+1}(\mathrm{mod}6) = 0 \mid X_n = 0\} = P\{Y_{n+1}(\mathrm{mod}6) = 0\} =$$

$3/16,$

$$P\{X_{n+1} = 0 \mid X_n = 1\} = P\{Y_{n+1}(\mathrm{mod}6) = 5 \mid X_n = 1\} = P\{Y_{n+1}(\mathrm{mod}6) = 5\} =$$

$4/16,$

$$P\{X_{n+1} = 1 \mid X_n = 1\} = P\{Y_{n+1}(\mathrm{mod}6) = 0 \mid X_n = 1\} = P\{Y_{n+1}(\mathrm{mod}6) = 0\} =$$

$3/16,$

$P\{X_{n+1} = 2 \mid X_n = 1\} = P\{Y_{n+1}(\bmod 6) = 1 \mid X_n = 1\} = P\{Y_{n+1}(\bmod 6) = 1\} =$

$2/16$,

状态空间为$\{0,\ 1,\ 2,\ 3,\ 4,\ 5\}$,

转移概率矩阵为 $\begin{pmatrix} 3/16 & 2/16 & 2/16 & 2/16 & 3/16 & 4/16 \\ 4/16 & 3/16 & 2/16 & 2/16 & 2/16 & 3/16 \\ 3/16 & 4/16 & 3/16 & 2/16 & 2/16 & 2/16 \\ 2/16 & 3/16 & 4/16 & 3/16 & 2/16 & 2/16 \\ 2/16 & 2/16 & 3/16 & 4/16 & 3/16 & 2/16 \\ 2/16 & 2/16 & 2/16 & 3/16 & 4/16 & 3/16 \end{pmatrix}.$

4. 解 状态空间为$\{A,\ B,\ C\}$

转移概率矩阵为 $\boldsymbol{p} = \begin{pmatrix} 0 & 1/2 & 1/2 \\ 3/4 & 0 & 1/4 \\ 3/4 & 1/4 & 0 \end{pmatrix}$, 则 $\boldsymbol{p}^2 = \begin{pmatrix} 6/8 & 1/8 & 1/8 \\ 3/16 & 7/16 & 6/16 \\ 3/16 & 6/16 & 7/16 \end{pmatrix}$,

$P\{X_2 = A \mid X_0 = A\} = 6/8$, $P\{X_2 = B \mid X_0 = A\} = 1/8$, $P\{X_2 = C \mid X_0 = A\} =$

$1/8$, $P\{X_3 = B \mid X_0 = A\} = \dfrac{1}{2} \cdot \dfrac{7}{16} + \dfrac{1}{2} \cdot \dfrac{6}{16} = \dfrac{13}{32}$.

5. 解 (1) 状态空间为$\{RR,\ RS,\ SR,\ SS\}$, 转移概率矩阵为

$$\boldsymbol{p} = \begin{pmatrix} 0.6 & 0.4 & 0 & 0 \\ 0 & 0 & 0.6 & 0.4 \\ 0.6 & 0.4 & 0 & 0 \\ 0 & 0 & 0.3 & 0.7 \end{pmatrix},$$

$(2)\boldsymbol{p}^2 = \begin{pmatrix} 0.36 & 0.24 & 0.24 & 0.16 \\ 0.36 & 0.24 & 0.12 & 0.28 \\ 0.36 & 0.24 & 0.24 & 0.16 \\ 0.18 & 0.12 & 0.21 & 0.49 \end{pmatrix}$;

$(3)(W_0,\ W_1) \rightarrow (W_1,\ W_2) \rightarrow (W_2,\ W_3)$,

$\boldsymbol{p}^2(SS,\ RR) + \boldsymbol{p}^2(SS,\ SR) = 0.18 + 0.21 = 0.39$.

6. 解 (1) 常返态$\{1,\ 2,\ 4,\ 5\}$, 非常返态$\{3\}$, 不可约闭集$\{1,\ 5\}$和

$\{2,\ 4\}$.

(2) 常返态$\{1,\ 2,\ 4,\ 5\}$, 非常返态$\{3\}$, 不可约闭集$\{1,\ 5\}$和$\{2,\ 4\}$.

7. **解**　状态空间为|卡车，汽车|，转移概率矩阵为 $p = \begin{pmatrix} 1/4 & 3/4 \\ 1/5 & 4/5 \end{pmatrix}$，$p$ 的

平稳分布为 $(4/19, \ 15/19)$. 故公路上卡车的比例是 $\dfrac{4}{19} \approx 21.1\%$.

8. **解**　记车库里照明灯数分别为状态 0、状态 1、状态 2，相应的转移概率

为:

$$\begin{pmatrix} 0 & 0 & 1 \\ 0.05 & 0.95 & 0 \\ 0 & 0.02 & 0.98 \end{pmatrix}.$$

(1) 利用 $\pi p = \pi$ 和 $\sum\limits_{i=0}^{2} \pi_i = 1$ 可建立如下方程组: $\begin{cases} 0.05\pi_1 = \pi_0, \\ \pi_0 + 0.98\pi_2 = \pi_2, \\ \pi_0 + \pi_1 + \pi_2 = 1. \end{cases}$

解得: $(\pi_0, \ \pi_1, \ \pi_2) = \left(\dfrac{1}{71}, \dfrac{20}{71}, \dfrac{50}{71} \right)$. 因此，从长远看，车库仅有一盏灯工

作的时间所占的比例是 $\dfrac{20}{71}$.

(2) 两次替换之间的时间间隔可看作从状态 0 首次返回的步数期望值，即

$$EX_0 = \dfrac{1}{\pi_0} = 71.$$

9. **解**　(1) 设 X_n 表示第 n 次出发时所在地伞的数量. 转移概率矩阵如下:

$$\begin{pmatrix} 0 & 0 & 0 & 1 \\ 0 & 0 & 0.8 & 0.2 \\ 0 & 0.8 & 0.2 & 0 \\ 0.8 & 0.2 & 0 & 0 \end{pmatrix}.$$

(2) 利用 $\pi p = \pi$ 和 $\sum\limits_{i=0}^{3} \pi_i = 1$ 可建立如下方程组: $\begin{cases} 0.8\pi_3 = \pi_0, \\ 0.8\pi_2 + 0.2\pi_3 = \pi_1, \\ 0.8\pi_1 + 0.2\pi_2 = \pi_2, \\ \pi_0 + \pi_1 + \pi_2 + \pi_3 = 1. \end{cases}$

解得：$(\pi_0, \pi_1, \pi_2, \pi_3) = \left(\dfrac{4}{19}, \dfrac{5}{19}, \dfrac{5}{19}, \dfrac{5}{19}\right)$. 因此，她淋湿所占的比例极限是$\dfrac{4}{19} \times 0.2 = 4.21\%$.

10. **解** （1）设$h(x)$表示现在状态是x的员工最终合格的概率，则$h(Q) = 1$，$h(F) = 0$. 依题意，可得如下方程组：

$$\begin{cases} h(B) = 0.45h(B) + 0.4h(I), \\ h(I) = 0.6h(I) + 0.3, \end{cases} \quad 解得：\begin{cases} h(B) = \dfrac{6}{11}, \\ h(I) = \dfrac{3}{4}. \end{cases}$$

因此，初学者最终合格的比例是$\dfrac{6}{11}$.

（2）设$g(x)$表示现在状态是x的员工最终合格或解雇所需时间的期望值，则$h(Q) = h(F) = 0$. 依题意，可得如下方程组：

$$\begin{cases} g(B) = 6 + 0.45g(B) + 0.4g(I), \\ g(I) = 6 + 0.6h(I). \end{cases} \quad 解得：\begin{cases} g(B) = \dfrac{240}{11}, \\ g(I) = 15. \end{cases}$$

因此，初学者直到被解雇或者合格所需要的期望时间是$\dfrac{240}{11}$个月.

11. **解** （1）设$h(x)$表示现在状态是x的员工最终变为管理者的概率，则$h(S) = 1$，$h(Q) = 0$. 依题意，可得如下方程组：

$$\begin{cases} h(R) = 0.2h(R) + 0.6h(T), \\ h(T) = 0.55h(T) + 0.15, \end{cases} \quad 解得：\begin{cases} h(R) = \dfrac{1}{4}, \\ h(T) = \dfrac{1}{3}. \end{cases}$$

因此，实习生最终变为管理者的比例是$\dfrac{1}{4}$.

（2）设$g(x)$表示现在状态是x的员工最终变为管理者或辞职所需时间的期望值，则$h(S) = h(Q) = 0$. 依题意，可得如下方程组：

$$\begin{cases} g(R) = 1 + 0.2g(R) + 0.6g(T), \\ g(T) = 1 + 0.55h(T), \end{cases} \quad 解得：\begin{cases} g(R) = \dfrac{35}{12}, \\ g(T) = \dfrac{20}{9}. \end{cases}$$

因此，从实习生到最终辞职或者升为管理者所需要的期望时间是$\dfrac{35}{12}$个单位时间.

第 4 章

1. **解** （1）依题意知，计算机数量为状态空间 $S = \{0, 1, 2, 3\}$，

$$\begin{cases} q(i, i-1) = 2, & i = 1, 2, 3, \\ q(i, i+2) = 1, & i = 0, 1, \end{cases}$$

由此可得转移速率矩阵如下：

$$\boldsymbol{Q} = \begin{pmatrix} -1 & 0 & 1 & 0 \\ 2 & -3 & 0 & 1 \\ 0 & 2 & -2 & 0 \\ 0 & 0 & 2 & -2 \end{pmatrix},$$

利用 $\pi\boldsymbol{Q} = 0$ 和 $\sum\limits_{i=0}^{3} \pi_i = 1$ 可建立如下方程组：$\begin{cases} -\pi_0 + 2\pi_1 = 0, \\ -3\pi_1 + 2\pi_2 = 0, \\ \pi_1 - 2\pi_3 = 0, \\ \pi_0 + \pi_1 + \pi_2 + \pi_3 = 1, \end{cases}$

解得：$(\pi_0, \pi_1, \pi_2, \pi_3) = \left(\dfrac{4}{10}, \dfrac{2}{10}, \dfrac{3}{10}, \dfrac{1}{10}\right)$.

（2）商店卖出计算机的速率是每周 $2(1 - \pi_0) = 1.2$（台）.

2. **解** （1）转移速率矩阵为 $\boldsymbol{Q} = \begin{pmatrix} -6 & 6 & 0 & 0 \\ 1 & -5 & 4 & 0 \\ 0 & 2 & -4 & 2 \\ 0 & 0 & 3 & -3 \end{pmatrix}$，根据细致平衡条

件，可得：$6\pi(0) = \pi(1)$，$4\pi(1) = 2\pi(2)$，$2\pi(2) = 3\pi(3)$. 由于 $\sum\limits_{i=0}^{3} \pi(i) = 1$，因此：

$$\pi(0) = \dfrac{1}{27}, \quad \pi(1) = \dfrac{6}{27}, \quad \pi(2) = \dfrac{12}{27}, \quad \pi(3) = \dfrac{8}{27}.$$

（2）两状态链的转移速率矩阵如下：$Q = \begin{pmatrix} -2 & 2 \\ 1 & -1 \end{pmatrix}$，其平稳分布为$(\pi_0,$

$\pi_1) = \left(\dfrac{1}{3}, \dfrac{2}{3} \right)$.

由于三只青蛙相互独立，因此平稳分布可看作二项式分布，其概率如下：

$$\pi(0) = \binom{3}{0} \left(\frac{1}{3} \right)^3 \left(\frac{2}{3} \right)^0 = \frac{1}{27}, \quad \pi(1) = \binom{3}{1} \left(\frac{1}{3} \right)^2 \left(\frac{2}{3} \right)^1 = \frac{6}{27},$$

$$\pi(2) = \binom{3}{2} \left(\frac{1}{3} \right)^1 \left(\frac{2}{3} \right)^2 = \frac{12}{27}, \quad \pi(3) = \binom{3}{3} \left(\frac{1}{3} \right)^0 \left(\frac{2}{3} \right)^3 = \frac{8}{27}.$$

3. 解　（1）依题意知：顾客服务时间服从速率为每小时 10 辆的指数分布，加油站汽车数量的状态空间为$\{0, 1, 2\}$.

$$q(n, n+1) = 20, \quad n = 0, 1,$$
$$q(n, n-1) = 10, \quad n = 1, 2.$$

转移速率矩阵如下：$Q = \begin{pmatrix} -20 & 20 & 0 \\ 10 & -30 & 20 \\ 0 & 10 & -10 \end{pmatrix}$.

利用 $\pi Q = 0$ 和 $\sum\limits_{i=0}^{2} \pi_i = 1$ 可得平稳分布：$\pi = \left(\dfrac{1}{7}, \dfrac{2}{7}, \dfrac{4}{7} \right)$.

（2）平均每小时服务的顾客数为：$20 \times \left(1 - \dfrac{4}{7} \right) = \dfrac{60}{7} \approx 8.57(\text{人})$.

4. 解　（1）依题意知：加油站汽车数量的状态空间为$\{0, 1, 2, 3, 4\}$.

$$q(n, n+1) = 20, \quad n = 0, 1, 2, 3,$$
$$q(n, n-1) = 10 \times 2 = 20, \quad n = 2, 3, 4,$$
$$q(1, 0) = 10.$$

转移速率矩阵如下：$Q = \begin{pmatrix} -20 & 20 & 0 & 0 & 0 \\ 10 & -30 & 20 & 0 & 0 \\ 0 & 20 & -40 & 20 & 0 \\ 0 & 0 & 20 & -40 & 20 \\ 0 & 0 & 0 & 20 & -20 \end{pmatrix}$.

利用细致平衡条件，可得平稳分布：$\pi = \left(\dfrac{1}{9}, \dfrac{2}{9}, \dfrac{2}{9}, \dfrac{2}{9}, \dfrac{2}{9} \right)$.

（2）平均每小时服务的顾客数为：$20 \times (1 - \frac{2}{9}) = \frac{140}{9} \approx 15.56$（人）.

5. 解　依题意知：状态空间为$\{0, 1, 2, 3, 4\}$.

$$q(n, n + 1) = 5, \quad n = 0, 1, 2, 3,$$
$$q(n, n - 1) = 2 \times 2 = 4, \quad n = 2, 3, 4,$$
$$q(1, 0) = 2.$$

转移速率矩阵如下：$\boldsymbol{Q} = \begin{pmatrix} -5 & 5 & 0 & 0 & 0 \\ 2 & -7 & 5 & 0 & 0 \\ 0 & 4 & -9 & 5 & 0 \\ 0 & 0 & 4 & -9 & 5 \\ 0 & 0 & 0 & 4 & -4 \end{pmatrix}$.

利用细致平衡条件，可得平稳分布：

$$\pi = \left(\frac{128}{1973}, \frac{320}{1973}, \frac{400}{1973}, \frac{500}{1973}, \frac{625}{1973} \right).$$

6. 解　（1）依题意知：状态空间为$\{0, 1, 2, 3, 4\}$.

$$q(n, n + 1) = 5, \quad n = 0, 1, 2, 3,$$
$$q(n, n - 1) = 4, \quad n = 1, 2, 3, 4.$$

转移速率矩阵如下：$\boldsymbol{Q} = \begin{pmatrix} -5 & 5 & 0 & 0 & 0 \\ 4 & -9 & 5 & 0 & 0 \\ 0 & 4 & -9 & 5 & 0 \\ 0 & 0 & 4 & -9 & 5 \\ 0 & 0 & 0 & 4 & -4 \end{pmatrix}$.

利用细致平衡条件，可得平稳分布：

$$\pi = \left(\frac{256}{2101}, \frac{320}{2101}, \frac{400}{2101}, \frac{500}{2101}, \frac{625}{2101} \right).$$

由于$\frac{625}{1973} > \frac{625}{2101}$，这个新方案将会比之前的策略损失更少的顾客. 在平稳状态下，理发店满员的概率下降了$\frac{625}{1973} - \frac{625}{2101} = 0.0193$.

（2）每小时增加的能服务的顾客数为

$$5 \times \left(1 - \frac{625}{2101}\right) - 5 \times \left(1 - \frac{625}{1973}\right) = 5 \times \left(\frac{625}{1973} - \frac{625}{2101}\right)$$

$$= 5 \times 0.0193 = 0.0965(人).$$

7. 解　依题意知：状态空间为$\{0, 1, 2, 3, 4\}$.

$$q(n, n+1) = 3, \quad n = 0, 1, 2, 3,$$

$$q(n, n-1) = 2, \quad n = 2, 3, 4,$$

$$q(1, 0) = 1.$$

转移速率矩阵如下：$Q = \begin{pmatrix} -3 & 3 & 0 & 0 & 0 \\ 1 & -4 & 3 & 0 & 0 \\ 0 & 2 & -5 & 3 & 0 \\ 0 & 0 & 2 & -5 & 3 \\ 0 & 0 & 0 & 2 & -2 \end{pmatrix}.$

利用细致平衡条件，可得平稳分布：$\pi = \left(\frac{8}{203}, \frac{24}{203}, \frac{36}{203}, \frac{54}{203}, \frac{81}{203}\right).$

$\pi(0)$时，网球场地使用数量为0；$\pi(1)$时，网球场地使用数量为1；$\pi(2)$ $+ \pi(3) + \pi(4)$时，网球场地使用数量为2. 因此，

$$\pi_0 = \pi(0) = \frac{8}{203}, \quad \pi_1 = \pi(1) = \frac{24}{203}, \quad \pi_2 = \pi(2) + \pi(3) + \pi(4) = \frac{171}{203}.$$

8. 解　(1) 依题意知：出车时间服从速率为每小时3个的指数分布，状态空间为$\{0, 1, 2, 3\}$. 转移速率矩阵如下：$Q = \begin{pmatrix} -2 & 2 & 0 & 0 \\ 3 & -5 & 2 & 0 \\ 0 & 6 & -8 & 2 \\ 0 & 0 & 9 & -9 \end{pmatrix}.$

利用细致平衡条件，可得平稳分布：$\pi = \left(\frac{81}{157}, \frac{54}{157}, \frac{18}{157}, \frac{4}{157}\right).$

(2) 平均每小时服务的顾客数为：$2 \times \left(1 - \frac{4}{157}\right) = \frac{306}{157} \approx 1.949(人).$

第 5 章

1. 解　$E[W(s) + W(t)] = EW(s) + EW(t) = 0 + 0 = 0.$

$$D[W(s) + W(t)] = D[2W(s) + W(t) - W(s)]$$

$$= D[2W(s)] + D[W(t) - W(s)]$$

$$= 4D[W(s)] + D[W(t) - W(s)] = 4s + t - s = 3s + t.$$

2. **解** $P\{W(5) \leqslant 3 \mid W(2) = 1\} = P\{W(5) - W(2) \leqslant 2 \mid W(2) = 1\}$

$$= P\{W(5) - W(2) \leqslant 2\} = P\{W(3) \leqslant 2\} = \Phi\left(\frac{2}{\sqrt{3}}\right) = \Phi(1.155) = 0.876.$$

3. **解**   用布朗运动来近似这个简单对称随机游动. 令 $\Delta t = \dfrac{1}{1000}$, $a = \dfrac{25}{1000}$,

$b = 1$, $\Delta x = \sqrt{\Delta t}$. 根据题意, 需要计算已知 $B(0.025) > 0$, 标准布朗运动在 $(0.025, 1)$ 中没有零点的概率, 即求 $P\{B(u) > 0, u \in (0.025, 1) \mid B(0.025) > 0\}$.

因为 $P\{B(a) > 0, B(u) > 0, u \in (a, b)\} +$

$\qquad P\{B(a) < 0, B(u) < 0, u \in (a, b)\}$

$$= P\{B(u) \neq 0, u \in (a, b)\} = \frac{2}{\pi}\arcsin\sqrt{\frac{a}{b}},$$

由对称性知,

$$P\{B(u) > 0, u \in (0.025, 1) \mid B(0.025) > 0\}$$

$$= \frac{P\{B(0.025) > 0, B(u) > 0, u \in (0.025, 1)\}}{P\{B(0.025) > 0\}}$$

$$= \frac{2}{\pi}\arcsin\sqrt{0.025} = 0.1011,$$

即若此人在第 25 局的累计收益大于 0, 则其收益一直为正的概率约为 0.1011.

4. **解**   (1) 根据例 5.3 的结果可知, $E(S_1) = 100e^{\mu + \frac{\sigma^2}{2}} = 100e^{0.03} = 103.05$,

$\qquad D(S_1) = 10000e^{2\mu + \sigma^2}(e^{\sigma^2} - 1) = 10000e^{0.06}(e^{0.02} - 1) = 214.51.$

(2) 根据题意,

$$P\{S_1 > 100e^{0.03}\} = P\{100e^{\mu + \sigma B(1)} > 100e^{0.03}\}$$

$$= P\{\mu + \sigma B(1) > 0.03\} = P\left\{B(1) > \frac{0.03 - 0.02}{\sqrt{0.02}}\right\}$$

$$= 1 - \Phi(0.0707) = 0.4782.$$

第 6 章

1. 证明 由于

$E|Y_n| = E|E(Y|X_n, X_{n-1}, \cdots, X_0)| \leq E[E(|Y||X_n, X_{n-1}, \cdots, X_0)]$
$= E|Y| < \infty$, 且

$$E(Y_{n+1}|X_n, X_{n-1}, \cdots, X_0)$$
$$= E[E(Y|X_{n+1}, X_n, \cdots, X_0)|X_n, X_{n-1}, \cdots, X_0]$$
$$= E(Y|X_n, X_{n-1}, \cdots, X_0) = Y_n,$$

所以根据定义可知, $\{Y_n, n \geq 0\}$ 是关于 $\{X_n, n \geq 0\}$ 的鞅.

2. 证明 因为 $E|X_n| = E\left[\dfrac{f_1(Y_0)f_1(Y_1)\cdots f_1(Y_n)}{f_0(Y_0)f_0(Y_1)\cdots f_0(Y_n)}\right] = 1 < \infty$,

且 $E(X_{n+1}|Y_n, Y_{n-1}, \cdots, Y_0) = E\left[X_n \dfrac{f_1(Y_{n+1})}{f_0(Y_{n+1})}\Big|Y_n, Y_{n-1}, \cdots, Y_0\right]$

$$= X_n E\left[\dfrac{f_1(Y_{n+1})}{f_0(Y_{n+1})}\right]$$

$$= X_n \int_{-\infty}^{+\infty} \dfrac{f_1(y)}{f_0(y)}f_0(y)\,\mathrm{d}y = X_n,$$

所以, $\{X_n, n \geq 0\}$ 是关于 $\{Y_n, n \geq 0\}$ 的鞅.

3. 证明 由于 $E|S_n| = E\left|\sum_{k=1}^{n} X_k\right| \leq \sum_{k=1}^{n} E|X_k| < \infty$,

且 $E(S_{n+1}|\mathcal{F}_n) = E(X_{n+1} + S_n|\mathcal{F}_n) = E(X_{n+1}|\mathcal{F}_n) + E(S_n|\mathcal{F}_n) = S_n$,

所以, $\{S_n, n \geq 0\}$ 关于 $\{\mathcal{F}_n, n \geq 0\}$ 是鞅.
对于 $\{M_n, n \geq 0\}$, 有

$$E|M_n| = E\left|\left(\sum_{k=1}^{n} X_k\right)^2 - n\sigma^2\right| \leq E\left(\sum_{k=1}^{n} X_k\right)^2 + n\sigma^2$$

$$= \sum_{k=1}^{n} EX_k^2 + n\sigma^2 = 2n\sigma^2 < \infty,$$

且 $\quad E(M_{n+1}|\mathcal{F}_n) = E[(X_{n+1} + S_n)^2 - (n+1)\sigma^2|\mathcal{F}_n]$

$$= E[(X_{n+1}^2 + 2X_{n+1}S_n + S_n^2) - (n+1)\sigma^2|\mathcal{F}_n]$$

$$= E(X_{n+1}^2|\mathcal{F}_n) + 2E(X_{n+1}S_n|\mathcal{F}_n) + E(S_n^2|\mathcal{F}_n) - (n+1)\sigma^2$$

$$= E(X_{n+1}^2) + 2S_n E(X_{n+1} \mid \mathcal{F}_n) + S_n^2 - (n+1)\sigma^2$$

$$= \sigma^2 + 2S_n E(X_{n+1}) + S_n^2 - (n+1)\sigma^2$$

$$= S_n^2 - n\sigma^2 = M_n,$$

所以，$\{M_n, \ n \geqslant 0\}$ 关于 $\{\mathcal{F}_n, \ n \geqslant 0\}$ 是鞅.

4. **证明**　根据题意，显然 $E\left(\dfrac{S_n}{\mu^n}\right) < \infty$，且

$$E\left(\frac{S_{n+1}}{\mu^{n+1}} \,\middle|\, S_n, \ S_{n-1}, \ \cdots, \ S_0\right) = \frac{1}{\mu^{n+1}} E\left(\sum_{k=1}^{S_n} X(n+1, \ k) \,\middle|\, S_n, \ S_{n-1}, \ \cdots, \ S_0\right)$$

$$= \frac{1}{\mu^{n+1}} \sum_{k=1}^{S_n} E[X(n+1, \ k) \mid S_n, \ S_{n-1}, \ \cdots, \ S_0]$$

$$= \frac{1}{\mu^{n+1}} \sum_{k=1}^{S_n} E[X(n+1, \ k)]$$

$$= \frac{1}{\mu^{n+1}} \mu S_n = \frac{S_n}{\mu^n},$$

所以 $\left\{\dfrac{S_n}{\mu^n}, \ n \geqslant 0\right\}$ 关于 $\{S_n, \ n \geqslant 0\}$ 是鞅.

附录 布朗运动反正弦律的证明

推论 5.5 设 $\{B(t), t \geqslant 0\}$ 是标准布朗运动. 若 $0 < a < b$,则 $B(t)$ 在 $(a,$ $b)$ 中至少有一个零点的概率为 $\dfrac{2}{\pi}\arccos\sqrt{\dfrac{a}{b}}$.

证明 令 A 表示 $B_x(t)$ 在 (a, b) 中至少有一次到达零点,则由连续随机变量的全概率公式得:

$$P(A) = \int_{-\infty}^{+\infty} P\{A \mid B(a) = x\}\, \mathrm{d}P\{B(a) \leqslant x\}$$

$$= \int_{-\infty}^{+\infty} P\{A \mid B(a) = x\}\,\frac{1}{\sqrt{2\pi a}}\mathrm{e}^{-\frac{x^2}{2a}}\mathrm{d}x$$

$$= 2\int_0^{+\infty} P\{T_x \leqslant b - a\}\,\frac{1}{\sqrt{2\pi a}}\mathrm{e}^{-\frac{x^2}{2a}}\mathrm{d}x$$

$$= 2\int_0^{+\infty}\int_0^{b-a}\frac{x}{\sqrt{2\pi t^3}}\mathrm{e}^{-\frac{x^2}{2t}}\mathrm{d}t\,\frac{1}{\sqrt{2\pi a}}\mathrm{e}^{-\frac{x^2}{2a}}\mathrm{d}x$$

$$= \frac{2}{\sqrt{2\pi a}}\int_0^{+\infty}\frac{x}{\sqrt{2\pi}}\mathrm{e}^{-\frac{x^2}{2a}}\mathrm{d}x\int_0^{b-a}t^{-\frac{3}{2}}\mathrm{e}^{-\frac{x^2}{2t}}\mathrm{d}t$$

$$= \frac{1}{\pi\sqrt{a}}\int_0^{b-a}t^{-\frac{3}{2}}\mathrm{d}t\int_0^{+\infty}x\mathrm{e}^{-\frac{x^2}{2}(\frac{1}{t}+\frac{1}{a})}\mathrm{d}x$$

$$= \frac{1}{\pi\sqrt{a}}\int_0^{b-a}t^{-\frac{3}{2}}\mathrm{d}t\int_0^{+\infty}\frac{at}{t+a}\mathrm{e}^{-\frac{x^2}{2}(\frac{1}{t}+\frac{1}{a})}\mathrm{d}\left[\frac{x^2}{2}\left(\frac{1}{t}+\frac{1}{a}\right)\right]$$

$$= \frac{1}{\pi\sqrt{a}}\int_0^{b-a}t^{-\frac{3}{2}}\frac{at}{t+a}\left[-\mathrm{e}^{-\frac{x^2}{2}(\frac{1}{t}+\frac{1}{a})}\right]\Bigg|_0^{+\infty}\mathrm{d}t$$

$$= \frac{1}{\pi\sqrt{a}}\int_0^{b-a}t^{-\frac{1}{2}}\frac{a}{t+a}\mathrm{d}t$$

令 $t = au^2$,则上式化为

$$P(A) = \frac{1}{\pi\sqrt{a}} \int_0^{\sqrt{\frac{b-a}{a}}} \frac{1}{\sqrt{a}\,u} \frac{a}{au^2+a} 2au\,du$$

$$= \frac{2}{\pi} \int_0^{\sqrt{\frac{b-a}{a}}} \frac{1}{1+u^2} du$$

$$= \frac{2}{\pi}\arctan\sqrt{\frac{b-a}{a}}$$

$$= \frac{2}{\pi}\arccos\sqrt{\frac{a}{b}}.$$ ■

推论 5.6 （布朗运动反正弦律）设 $\{B(t), t \geq 0\}$ 是标准布朗运动. 若 $0 < a < b$，则 $B(t)$ 在 (a, b) 中没有零点的概率为 $\frac{2}{\pi}\arcsin\sqrt{\frac{a}{b}}$.

证明　令 A 表示 $B_x(t)$ 在 (a, b) 中从未到达零点，则根据推论 5.5 知

$$P(A) = 1 - \frac{2}{\pi}\arccos\sqrt{\frac{a}{b}} = \frac{2}{\pi}\left(\frac{\pi}{2} - \arccos\sqrt{\frac{a}{b}}\right) = \frac{2}{\pi}\arcsin\sqrt{\frac{a}{b}}.$$ ■

参 考 文 献

[1] 白晓东. 应用随机过程[M]. 北京：清华大学出版社，2018.

[2] 冯玲，方杰. 随机过程及其在金融中的应用[M]. 北京：中国人民大学出版社，2020.

[3] 龚光鲁，钱敏平. 应用随机过程教程[M]. 北京：清华大学出版社，2007.

[4] 何声武. 随机过程引论[M]. 北京：高等教育出版社，1999.

[5] 何书元. 随机过程[M]. 北京：北京大学出版社，2008.

[6] 林元烈. 应用随机过程[M]. 北京：清华大学出版社，2002.

[7] 孙清华，孙昊. 随机过程：内容、方法与技巧[M]. 武汉：华中科技大学出版社，2003.

[8] 肖宇谷，张景肖. 应用随机过程[M]. 北京：高等教育出版社，2017.

[9] 张波，张景肖. 应用随机过程[M]. 北京：清华大学出版社，2016.

[10] Richard Durrett. 随机过程基础[M]. 张景肖，李贞贞，译. 北京：机械工业出版社，2014.